景观设计
手绘方法论

尹曼　主编

中国林业出版社
China Forestry Publishing House

图书在版编目（CIP）数据

景观设计手绘方法论 / 尹曼主编 . —— 北京：中国
林业出版社 , 2019.3
ISBN 978-7-5038-9967-6

Ⅰ . ①景… Ⅱ . ①尹… Ⅲ . ①景观设计—绘画技法—
方法论 Ⅳ . ① TU986.2-03

中国版本图书馆 CIP 数据核字 (2019) 第 041066 号

主　　编：尹　曼
参编人员：陈　君　郭声蒿　张光辉　金山山

中国林业出版社
责任编辑：李　顺　陈　慧
出版咨询：（010）83143569

出　版：中国林业出版社（100009 北京西城区德内大街刘海胡同 7 号）
网　站：http://lycb.forestry.gov.cn/
印　刷：固安县京平诚乾印刷有限公司
发　行：中国林业出版社
电　话：（010）83143500
版　次：2019 年 3 月第 1 版
印　次：2019 年 3 月第 1 次
开　本：889mm×1194mm　　1/16
印　张：17.75
字　数：300 千字
定　价：78.00 元

前言

景观设计是一个创作的过程，从无到有，从抽象到具象。

手绘表现是一个传递设计信息的方法技能，是景观设计者设计语言的表达。

从事景观行业多年，多次与多位优秀的景观设计师讨论后得出一个结论：景观设计应广泛运用徒手快速表现的方式进行设计语言的传达，因为，手绘表现形式使景观设计创意空间更广阔。手绘只需要一个人一张纸便可以开展设计创意，空间广阔，可以用手制造出一万种加一的可能性，而电脑辅助设计中一些软件里的工具往往局限了设计师的创意空间，而且还受地域、时间等条件的约束。

景观环境是由植物、建筑、山石、水体、小品、道路、桥、园灯、园标等元素组成。景观设计师就是通过景观设计学相关知识将这些元素相互组合、相互搭配创意创造出具有使用功能及符合设计美感的环境空间。设计伊始，设计概念及想法仅存于设计师脑海之内，他们需要借助手绘的形式用科学、艺术的方法将各元素的大小、高低、形态、造型、结构等设计信息传递出来，所以设计者不但应有绘画的技巧，还要掌握各种不同要素的特点，才能正确地表现出设计者的设计意图。

目前市面上景观方面书虽多，但是在应用性上都差强人意，多着眼于效果图表现，往往忽视了景观手绘表现的真正意义，设计应用性不强。学生常临摹了几个效果图后还是不会景观手绘，也不会持续练习手绘。

作为景观设计工作者，我深知手绘表现对景观设计的重要性；作为教育工作者，我十分了解学生的需求与特点。与多位景观设计师、景观手绘培训讲师、景观考研优秀讲师及高校景观专业教师长时间探讨交流后，我决心编写一套景观设计应用型系列丛书，该系列由《景观设计手绘方法论》《景观设计方法秘籍》《景观快题实战攻略》《景观手绘作品集锦》4本教材组成。该系列丛书针对景观设计专业，以景观手绘应用表现为纽带，从手绘表现基础为切入点，支撑景观设计方法理论的表达，再从快题实践检验理论知识的真伪，最后通过行业内各手绘大师的景观设计作品提高设计表现技法，真正做到学以致用，多用多学，活学活用。

本书是该系列丛书中的首本，创意来源于普通人参军通过技能学习终成合格士兵的逻辑编排。该书由兵器谱、粮草仓、弹药箱、纸上谈兵、分解练兵及马克营六个部分组成，此书将景观手绘表现各知识点进行拆分精讲，待学生有了一定的基础后，便开始表现方法及案例步骤的讲解，等学生了解方法后进行景观表现案例实践，最后通过大量练习线稿临摹图库收尾，便于学生后期自己跟踪学习。该书编著目的明确，脉络流畅，结构扎实，内容丰富，有较强的应用性，储备知识齐全，较适合景观设计相关专业学生及景观手绘爱好者使用。

编著者

目录

第四章　纸上谈兵

第五章　分解练兵

第一章 兵器谱

工具实推

工具实推

一、笔

（一）铅笔

铅笔在景观方案构思的过程中占有举足轻重的位置。炭素铅笔下笔柔和易擦除，能够根据设计需要利用笔锋粗细轻重等的变化表现出不同的形式，非常灵活，富有表现力。在方案前期的创作中，可以使用含碳量高的铅笔（推荐铅笔的型号 B 或 2B），画出的线条朴实顺滑，有助于扩展设计思路；而快题设计底稿宜使用 H 或 2H 型号的铅笔，该型号的铅笔含碳量低，颜色较浅，容易覆盖或擦除，可节省快题考试时间。至于品牌，目前市面上铅笔品牌众多，质量相差无几，作者使用中华与晨光品牌较多（图 1-1）。

图 1-1

除了单色铅笔外，彩色铅笔也是效果图绘制常用的工具，尤其在景观快速表现中，用简单的几种颜色就能突出方案设计的氛围及材质，也可用来表现一些特殊肌理，如木纹、织物、皮革等肌理。根据不同笔芯材料可将彩铅分为油性和水溶性。现在景观手绘中多用水溶性彩铅，配合马克笔使用可以进行色彩的渐变过渡，模拟水彩效果，而根据作者多年的绘图经历，宜在较厚、较粗的纸上作画。推荐辉柏嘉 24 色水溶彩铅，色彩丰富，显色度高，过渡柔和，价格便宜，信价比高（图 1-2）。

图 1-2

（二）水性笔与签字笔

签字笔俗称中性笔，有水性与油性之分。笔尖为滚珠结构的签字笔，出笔显色高，价格实惠，但其中不乏一些容易漏墨的水性笔，笔迹干的较慢，在配合尺类工具使用时容易弄脏画面，根据作者经验，推荐笔尖宽度 0.5mm 的晨光或白雪直液式签字笔，书写流畅，不易漏墨（图 1-3、图 1-4）；笔尖为纤维结构的签字笔，笔尖柔软，有一定弹性，使用舒适，被现代的大学生广泛使用，晨光"小红帽"性价比极高，但其容易晕染纸张，选用纸张的质量相对要高，也可使用韩国慕那美纤维签字笔，笔迹快干，不易晕染（图1-5）。

图1-3　　　　　　　　　图1-4　　　　　　　　　图1-5

（三）针管笔

针管笔可以绘制出均匀一致的线条，是手绘图纸的基本工具之一，尤其是在绘制由国家规范约束的图纸时，能用不同粗细的针管笔进行表现，非常适合应用于平、立、剖面图的绘制，但其笔锋过于单一，不建议画草图、效果图。

针管笔的管径规格从0.1~2.0mm各有不同，在绘制图纸时至少应备细、中、粗3种不同管径的针管笔。早年的针管笔都是灌墨型的，科技发展后为图方便，更多人使用一次性针管笔。目前德国与日本制造的针管笔更胜一筹。作者推荐日本吴竹及德国施德楼品牌的针管笔，笔尖直长，不带尺，不刮纸，快干流畅，粗细区分明显（图1-6、图1-7）。

图1-6　　　　　　　　　　　图1-7

（四）钢笔

钢笔是最常见的线稿绘制工具，钢笔效果图干脆利落、效果强烈。尤其是徒手表现中，一只专业的钢笔能大大提高你手绘练习的积极性，通过常年的练习，钢笔与你会越来越有默契，绘图也会更加流畅。

钢笔推荐：男生款，凌美钢笔基本款，德国进口笔尖，型号ef（图1-8）；女生款，红环钢笔基本款，德国进口笔尖，型号ef（图1-9）。女款的优势是其笔体较轻，适合较长时间的应用，笔尾修长，握笔方便且优雅。美工钢笔笔锋变化多，不好控制，不建议初学者使用。

图 1-8   图 1-9

（五）马克笔

马克笔是景观手绘上色最常用的绘图工具，其笔触明显、线条流畅、色泽鲜艳明快，适合快速表现，且初学者容易掌握。马克笔笔头丰富，方形笔头笔触均匀整齐，适用于线条排列，多次涂抹时颜色会进行叠加，适合建筑、景观墙柱等较整齐的体、面上色；斜面笔头笔触多变，在弧面和圆角处可以顺势变化，适用景观植物及石水等自然景观元素的上色。若是配以描图纸的使用，则色彩透明清亮，国际范十足，表现效果高端。

在授课期间，经常听闻同学抱怨马克笔表现难以掌握，一方面效果图线稿的好坏直接影响马克笔表现效果，马克笔笔触变化是关键；另一方面，好的色感是出好图的关键，解决色彩配置问题能让我们画图时事半功倍。

马克笔按照墨水的性质分为油性、水性、酒精性 3 种，品牌众多，价格不等，市面上常见有法卡勒、New colour、凡迪、AD、TOUCH 等马克笔品牌。根据作者多年景观手绘的经验，法卡勒和 New colour 品牌的马克笔是中小笔头且整体色调偏灰，适合刻画植物、水体及室外景观元素，对初学者而言比较好控制，而且性价比较高，推荐使用。像 AD 之类表现效果更为优秀的马克笔工具，适合手绘技能提高时期使用（图 1-10、图 1-11）。

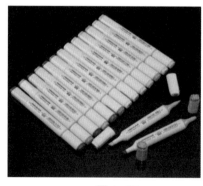 

图 1-10   图 1-11

在使用马克笔过程中难免出现笔干了的情况，如果是水性的马克笔，可以准备一只注射器，待笔干时，可直接用注射器向马克笔笔管注水，延长马克笔的使用时间；同理，油性马克笔直接注射酒精即可，操作步骤如下：

（1）准备一只注射器；

（2）将干了的马克笔笔头拔出；

（3）使用注射器将适量液体注入笔管体内，水或酒精的体量是根据笔干的程度决定的；

（4）将笔头重新插入马克笔。

二、纸

（一）复印纸

复印纸光滑细腻，价格便宜，很适合初学者手绘练习使用。常用的图幅有 A3、B4 等规格，初学者推荐使用 B4 规格，因其纸张大小比 A3 纸要小，比 A4 纸要大，在绘制效果图时能够方便掌控画面整体效果，又能够深入刻画画面的细节。复印纸绘制线稿效果较好，如果需要上色可选择在纸浆纯度较高的打印纸上进行，这需要操作者具备一定的绘图技巧（图 1-12、图 1-13）。

图 1-12 图 1-13

（二）硫酸纸与草图纸

硫酸纸与草图纸透明度高，适合做蒙图纸使用，质地柔软且表面光滑，适合方案的速成与局部内容的调整。相对草图纸，硫酸纸不仅具备拷贝功能，还具有纸质纯净、强度高、通透性高、不怕水、不变形等特点，适用于用马克笔绘制，上色效果清新自然，使用熟练后多次叠加图纸，能创造出更多的设计空间，推荐红环品牌（图 1-14）；草图纸，纸张极薄，不能遇水，但其价格低廉可用作草图创作阶段（图 1-15）。

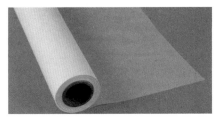 

图 1-14 图 1-15

（三）快题用纸

快题用纸一般使用的是工程绘图纸，纸质白洁光滑，纸张厚实硬度好，吸墨性特佳，图纸规格大小可根据快题设计的图幅要求进行选择，常用一号图纸（840mm×594mm）与二号图纸（594mm×420mm）。

三、尺规

（一）直线尺

直线工具一般用于辅助绘制直线，是由T字尺、三角板及滚动平行尺构成。T字尺主要控制长直线，且画出相对垂直或者平行的参考线，是考研快题表现中的必备工具，常用60cm长的T字尺。T字尺与三角板结合使用，不论是角度线或者是垂线都能处理的相对轻松。滚动平行尺可以利用滚动装置使尺面与绘图纸做滚动摩擦，避免了尺面与纸面的滑动摩擦，保持了图面整洁，同时，滚动装置可使尺子作平行移动，能方便、快捷地作出平行线，广泛运用于各种绘图领域（图1-16至图1-18）。

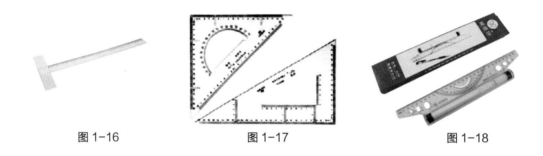

图 1-16　　　　　　　　　图 1-17　　　　　　　　　图 1-18

（二）曲线尺

曲线板也称云形尺，是一种内外均为曲线边缘（常呈旋涡形）的薄板，一般用于绘制曲率半径不同的非圆自由曲线，是常用绘图工具之一，如若绘制更多的曲线样式，也可使用蛇尺（图1-19、图1-20）。

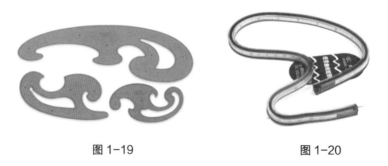

图 1-19　　　　　　　　　图 1-20

（三）圆规

圆规主要是在平面图上画圆时使用，可按照尺寸绘制出不同直径或者半径的圆，快题设计时如果嫌圆规使用麻烦，可考虑圆模板，使用简单快捷（图1-21、图1-22）。

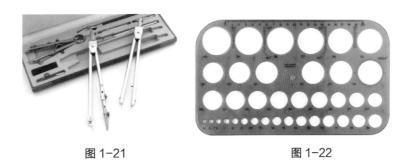

图1-21　　　　　　　　　　图1-22

（四）模板工具

绘制平面图时经常会需要绘制一些特定的图形，绘图模板有圆模版、椭圆模板、方模板、三角模板及特殊图形模板，使用模板能快速地绘制出设计的图形，操作简单快速。

（五）比例尺

1. 三棱比例尺的基本知识

三棱比例尺是在绘图中计算比例常用的换算工具，尤其适用于专业作业、考研考试及专业竞赛等有指定比例要求时，数字计算麻烦且容易出错，用三棱比例尺可以快速计算出多种常规比例，是环艺学生必备的绘图工具，推荐使用得力品牌三棱比例尺（图1-23）。

图1-23

2. 三棱比例尺的使用方法

（1）根据图纸比例选择相应比例尺，1:100的图选用1:100的尺子，刻度线对齐后读出尺子读数。读出来的读数就是实际尺寸，不需要再转换。如图读数为3.6，那么实际物体尺寸就是3.6m。

（2）当找不到相对应的比例尺时，可以用其进行换算，将尺子的比例换算成图纸比例，遵循"小乘大除"原则。比如1:100的图纸可以用1:200的尺子来量，用刻度数除以2即可。如图中用1:200的尺子测1:100的图，读数为7.2，那么实际尺寸为7.2/2=3.6m；依次类推1:300的尺子量1:100的图，结果要除以3，如图中读数10.8则实际尺寸为10.8/3=3.6m。

同理也可用小尺寸比例尺来量。用1:50的尺子量1:100的图，则结果乘2即可。

3. 使用原则

（1）尺子的读数就是实际尺寸，即单位是米（m），不用再进行比例计算。

（2）小乘大除，保证尺子比例与图纸比例一致。

四、涂改工具

（一）橡皮工具

橡皮是常规的铅笔涂改工具，建议使用质地紧实且弹性较好的橡皮，擦出的碎屑较少，图面也不会太脏，推荐购买施德楼深蓝色基本款橡皮，涂擦干净，经久耐用。辉柏嘉187170型号橡皮也值得推荐，该橡皮弹性大、不易断裂、极少碎屑、干净实用（图1-24、图1-25）。

图1-24

图1-25

（二）高光涂抹工具

在马克笔绘图过程中为了加强对比度及质感的体现，经常会点高光。设计者早期常用修正液作为点高光的工具，但是修正液涂改不容易掌控，不建议初学者使用，一只高光笔是画面增加细节的绝佳工具，建议购买笔尖口径较粗的高光笔，液体流出顺畅。推荐购买日本三菱品牌，1.0mm笔径的高光笔（图1-26）。

图1-26

五、其他工具

（一）粘连工具

在绘图时为方便可用粘连工具固定图纸，尤其是在快题练习及考试过程中常需将图纸粘连到图版或桌面上，相对透明胶笔者更推荐使用无痕胶带，避免撕下时，图纸受损（图1-27）。

（二）裁剪工具

绘图过程中裁切纸张及削铅笔都可能需要美工刀及削笔刀等工具（图1-28、图1-29）。

图1-27

图1-28

图1-29

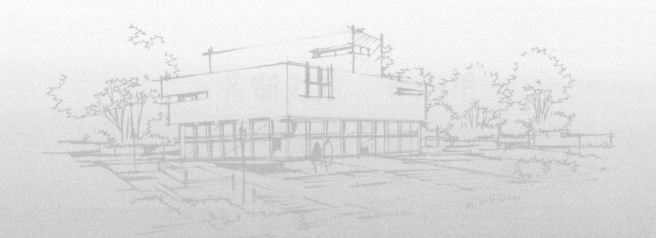

第二章 粮草仓

第一节 点线储备

一、画前准备

绘图前，除了准备好绘图工具，掌握正确坐姿及握笔姿势外，明确自己画图内容是关键。对初学者而言可以明确表达的内容，但由于表现技法欠缺，不能呈现美观的效果，因此需要从表现技法的基础上练起。

景观手绘表现技法对景观设计的学生来说是一个必须掌握的技能，但其内容繁多且不好掌握，因此要做好吃苦的心理准备。点、线、面是所有手绘的基础，线条则是基础中的基础。熟练的线条，有利于提升手绘表现效率，更能提高手绘作品的观赏性。然而熟练、灵活的线条是长期定量练习的结果，在此过程中需熟练掌控线条的力度差异、稳定走向、长短等要点。线条机械练习过程中可能稍显枯燥，建议结合景观材质图例练习，既能熟练线条又能练习景观各材质的纹理纹路。

二、点的练习

（一）点的应用

从设计角度上看，点是设计的起源，是所有图形的起点。从手绘表现上来说，点多应用在材质处理上，如石材、木材、沙、透明材质等材料的肌理纹理的表现都会有点的使用（图2-1大理石材质、图2-2木材材质、图2-3玻璃材质）。

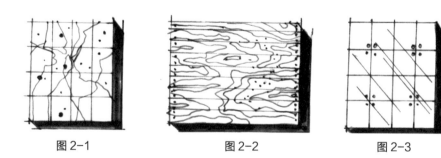

图2-1   图2-2   图2-3

（二）点的绘制

1.注意疏密关系的表达

景观手绘表现点的绘制一定要注意疏密关系的建立，切忌"满铺"，杂乱且费事；也不可稀薄乱点，没有章法；从整体上把握图面的疏密关系，密的地方打点相对密实集中，疏的地方打点相对稀疏分散，图面才会张弛有度，饱满丰盈（图 2-4）。

图 2-4

2. 打点下笔肯定，切忌拖泥带水

根据表现需要画点，下笔干脆有力。植物的树干是点，沙地材质同样是点，只是各个含义不同，下笔力度，大小都不同（图 2-5）。

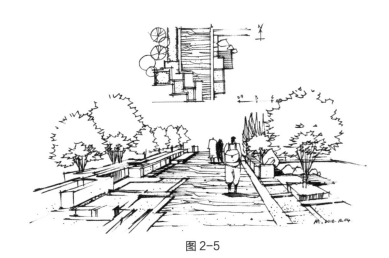

图 2-5

三、线的练习

（一）线的常识

线的练习是徒手表现的基础，线是造型艺术中最重要的元素之一，线的曲直、快慢、虚实、轻重等灵活的变化，都需要大量的练习。练习者需争取做到直线平直有力，曲线优美流畅，出笔迅速，运笔稳健，收笔自如，线条挺而不僵，柔而不涩。

好的线条兼具力度感、速度感、柔韧感、流畅感，练习者可利用挥动手臂的惯性或是手的抖动控制线条的走向和平稳，落笔时利用小指或腕骨做支撑，指尖和手腕控制用笔力度，肘部和肩部控制速度，把握两端实、中间虚的特点。横竖可以相交，但不要断开，可以准确有效地表现体块的结构，又能让画面整体上显得扎实有力。

长时间徒手直线练习能让线条看起来自由流畅，丰盈且有弹性，饱满不失张力。在一张图之中，能够灵活运用不同的线条表现不同的形式，才能有效地传递准确的信息，达到学以致用的目的（图2-6）。

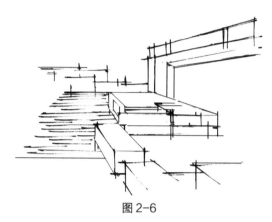

图 2-6

（二）直线

直线是徒手表现中使用最普遍的一种造型元素，直线的手绘技巧在于强调线的连续性和准确性。"直"不代表一定要像尺规画出的线条一样，只需要视觉感觉相对直即可，画直线要干脆利落而富有力度，可利用手腕及手臂的挥动惯性快速促成直线的"直"。对于初学者来说，徒手绘制直线不可过于急躁，宁可局部小弯，但求整体大直，同时也可以借助尺规工具绘制。

手绘表现过程中因表现的内容不同，线条的绘制要求也不同。在效果图绘制中，以画面的美观为重心，重点在于表现体块之间的比例关系和各景观元素的造型特点，这就要求在直线绘制时，要有起笔、运笔、收笔，两头重，中间轻，下笔肯定，走向明确，营造有立体感、空间感、整体性的画面效果。平、立、剖面图的绘制，多用来表现设计布局和各元素尺度之间的关系，线条粗细有标准的规范，中、长直线运用较多，为了使整条直线均匀一致，可以分多段线条来衔接，之间的孔隙为1mm，尽量控制线条的数量，也可以利用线条的轻微抖动维持线条的平衡与稳定。直线练习相对枯燥，容易疲累，因此练习时要勤于思考，反复琢磨"专业线条成形的过程"（图2-7）。

图 2-7

直线分横线与竖线。横线正确的画法是握笔轻松，手指、手腕都不要动，以肘关节来带动，手臂轻松平稳放到桌面上切记不要悬空，否则画出的横线容易飘忽不稳。总体上说，横线练习时要注意以下几点：

（1）保持良好的画图姿势，保证钢笔和手臂在同一条水平线上，笔杆与画面尽量成90度角。

（2）注意指笔与纸面的角度问题，对初学者而言，小角度更容易画直线。想要减少笔尖与纸面的角度，可采用靠后握笔姿势。

（3）若想直线直，手腕掌控能力一定要好，在横线排线练习的过程中，养成好习惯，保持手腕不动，手臂动。

（4）下笔前要明确手绘表现的内容，各种设计信息，下笔肯定，落笔准确，运笔平稳，收笔干脆，两端重，中间轻，如同写书法的"一"字（图2-8）。

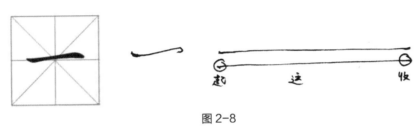

图2-8

竖线处理时，可利用垂直纸边做垂线的平行参照。手腕不动，运用肩部移动，短的竖线可用手指来移动。与横线绘制相同的是注意线条的起笔、运笔、收笔过程，在线条的效果表现上依然注重其"轻重"的灵活关系，保证线条两头重，中间轻的变化。如果竖线过长，可采用断裂连接的方式或是慢画抖动的方式，保持垂直线条的垂直感，避免倾斜（图2-9）。

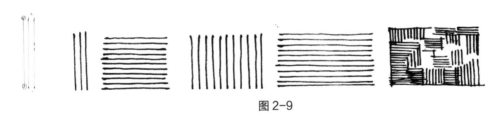

图2-9

（三）抖线

抖线多运用方案草图阶段，此时表现内容概括，细节较少，多是应用随意自然的线条朴实地表达出结构、轮廓等重要设计信息，其图件表达规范性也没有成稿那么严谨。抖线相对于严谨、硬朗的直线，更加自由、休闲，容易控制好线的走向和停留位置，是设计初期常用的手绘线条。

抖线，抖动幅度要适度，是为了控制直线的稳定和平衡。练习抖线时，注意握笔姿势，笔搭在食指的掌与指之间的关节偏手指位置，运笔时，注意四指灵活抖动，同时推笔，要平稳有规律地抖动，线条在于流畅、自然。练习抖线时，有四点需要注意：

（1）起笔肯定、运笔平缓、收笔果断。把握线条两头重，中间轻的常规原则。

（2）抖线的抖幅度不要太大，平行、稳定为主，抖动主要是为了控制线条的平行走向，切记不可刻意抖动。

（3）抖线练习以长直线为主，控制线条的能力是关键。练习时最好是从纸的一端画到纸的另一端，一般这种线条练习两张左右就能控制的很好，并且要练习不同方向的线条。

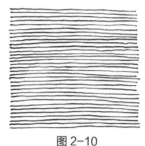

图2-10

（4）长期机械训练后会产生自然的抖动频率，线条自然又生动，呈"小波浪"即可，大体呈现长直线。抖线需要成组练习，每组线条间隔不超过3mm，且要保证相邻的两条直线不要"粘"在一起（图2-10）。

（四）斜线

斜线在处理空间关系、单体造型、材质肌理、纹理细节表达上都起着关键性的作用。在设计过程中，斜线能丰富景观空间的层次，为景观设计提供更多的可能性。斜线是依靠倾斜分角度来控制的，常用的设计角度如15°、30°、45°、60°、90°等，可进行成组练习（图2-11）。

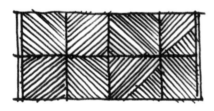 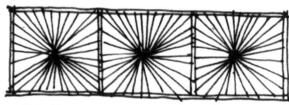

图2-11

（五）曲线

曲线，灵活多变、轻盈随意，具有飘逸、轻柔的情感特征，运线难度高，在画线的过程中，熟练灵活地运用笔和手腕之间的力量，可以表现出丰富的线条。景观设计中常被使用，尤其是活泼、有趣、创意极强的景观空间环境使用频繁，如彩带景墙、弧形户外桌椅板凳等。除此之外，景观道路、码头、亲水平台等弧形造型都需要弧线的表达（图2-12）。

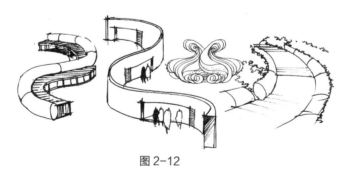

图2-12

曲线表达时，应当做到心中有"谱"，根据绘图需要，知道从什么地方起笔，什么地方转折，什么地方停顿。单一弧线比较好处理，弧线的平行练习是难点，应针对组合平行弧线多做练习，方便设计表达使用（图2-13、图2-14）。

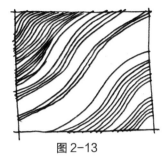 

图 2-13　　　　　　　　　　　　图 2-14

（六）线条升级练习

1. 方格线

方格线是横线、竖线、斜线的综合练习，注意横线、竖线的转换及速度，把握其垂直关系，在练习过程中可以变换多个形式，常规练习模式有 3 种（图 2-15）。

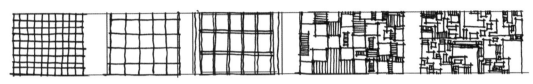

图 2-15

2. 穿点线

穿点线练习有助于提高线条掌控的精准度，图纸上画任意两点，然后连线保证线穿两点。练习过程中反复快速地比划线条轨迹，然后画出来。练习过程中少练习斜线的穿点练习，多以横线和竖线的画法为准（图 2-16）。

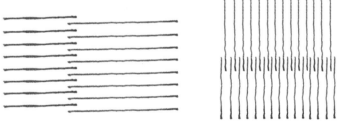

图 2-16

3. 放射线

放射线练习主要是绘制一点，围绕一点进行放射练习，可规定角度练习射线，也可规定线条个数等分练习，练习过程中注意角度与方向的走势，训练初期选择 6~10 条线开始练习，然后线条逐渐增多。也可做 360° 指定角度或随机角度混合练习（图 2-17、图 2-18）。

 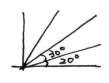 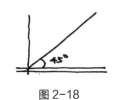 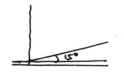

图 2-17　　　　　　　　　　　　　　图 2-18

4.交互线

交互线在透明材质表现中使用最多，如水中倒影及玻璃的肌理，交互线练习关键在于黑白灰关系和确立，在排线练习过程中尽量保持较小的间距，且注意排线长度一致（图2-19、图2-20）。

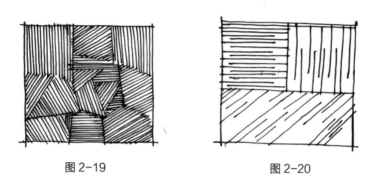

图2-19　　　　　　　　　　　　　图2-20

5.植物线

植物线条相对其他曲线线条，更显随意自然，以不规则的凸凹线条表达植物树冠的蓬松感。植物线条练习时手腕及手指关节要放松，才能轻松、自然地表现植物线的凸凹变化，一气呵成，不要停顿，不要犹豫，确保线条的流畅。

植物线是表达植物的树冠轮廓，不同的植物使用不同的线体。如云线、五角星线、"W""M"字线、爆炸线等。如由弧线凸凹演变的云线、圆线演变的远景植物线、折线演变的针叶线及五角星线等。地被植物线主要是以"M""W"字等线条，表达植物的生长特性，如果需要表现大面积的地被植物，可在地被体块关系下用云线或内、外翻凸凹线处理（图2-21至图2-25）。

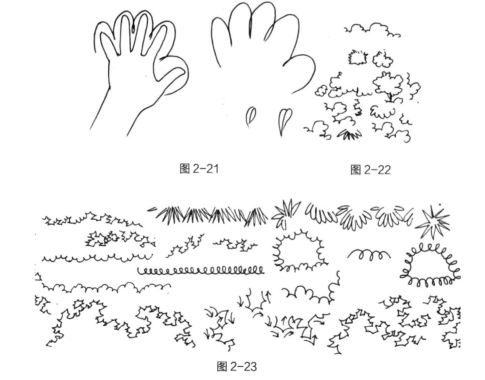

图2-21　　　　　　　　　　　图2-22

图2-23

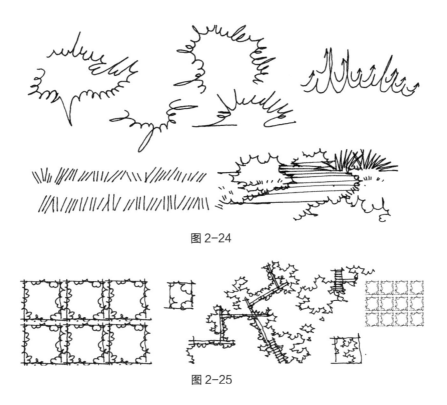

图 2-24

图 2-25

（七）线条的控制练习

控制线的练习主要是针对线条走向长度的控制，有利于平、立、剖面的长度与比例的徒手绘制。练习过程中控制线的长度不宜过长，一般情况下，横线控制在 4cm~6cm 左右，竖线控制在 3cm~4cm 左右，在练习过程中先画好左右边缘线，然后从左起至右收（图 2-26）。

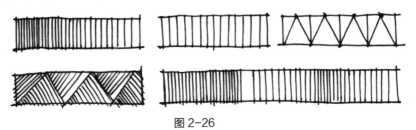

图 2-26

（八）线条练习库

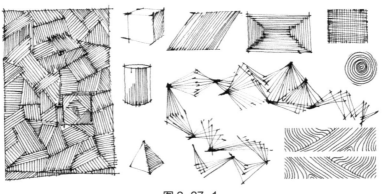

图 2-27-1

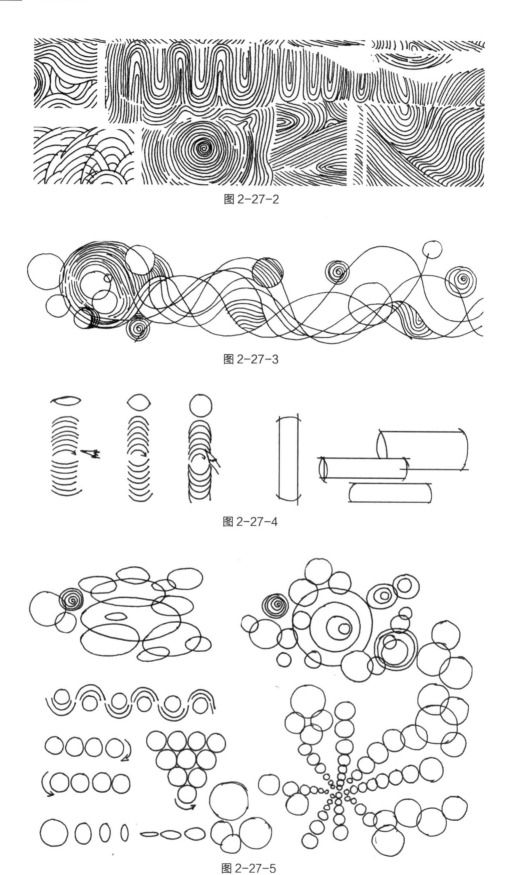

图 2-27-2

图 2-27-3

图 2-27-4

图 2-27-5

第二节　体块知识储备

一、体块练习的重要性

　　景观手绘主要是前期构思设计方案和设计成果部分的表现形式，景观手绘的难点在于把握画面的空间关系，在效果图的学习过程中，临摹是一个非常重要的内容与环节，能在练习的过程中积累素材，掌握景观元素的表现形式及塑造空间关系的表达能力，熟能生巧，巧能生精，为以后在考研、比赛、工作中快速地传递出设计内容，打下坚实的基础。空间效果的表现离不开体块关系的把握，如何以繁化简，在方案快速成型阶段，将脑海中的设计思维快速地表达出来，空间感、立体感尤为重要，因此体块练习是景观设计手绘表达的重点之重，是日后效果图表达优劣的关键。

　　设计语言的丰富，促使景观元素的形态结构日趋多样，造型各异。归纳起来都是有简单的几何体构成的，通过几何形体变形、分割、聚集等形式变化来组织空间关系。如图所示，一个方体的体块可以演变为一个室外广场，也可以作为一个休息区的空间表达，更能成为一个休闲座椅的大体结构，因此对于简单的几何体，我们要勤于练习和思考，理解体块的透视、多面、明暗面等信息，这在景观设计表达中应用极为广泛（图2-28-1、图2-28-2上色效果）。

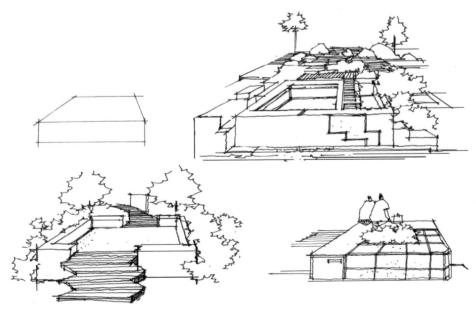

图2-28-1

图 2-28-2

二、体块的透视要点

体块下的单体都会遵循一定的透视关系放置于某个空间环境内形成空间环境效果图，因此单体体块及内部结构都会有透视角度的要求。练习体块时也最好按照透视角度练习，便于了解在不同视角下呈现出来的结构形态，同时加深对空间透视的理解。

（一）一点透视体块练习要点

一点透视当中的体块要遵循一点透视的透视原则，简单来说注意横平竖直纵消失（横线和竖线均平行于画面，纵深线消失于灭点）。

如图所示，一个立方体有 6 个面，但是因为角度的原因，一般情况下观察者最多可以看到其中的 3 个面，在一点透视当中能观察到一个面或两个面，而这些情况可根据我们的画面需求进行取舍和调整（图 2-29）。

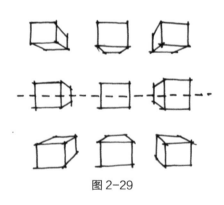

图 2-29

在视平线以下的体块随着视高的不同产生的效果不同，为了让人视效果真实自然，视高一般取 1.5~1.7m 之间。然而，为了表达景观构筑物的高耸感常常会将透视的视高降低一些，制造出一定的仰视效果，如 0.6~1.5m 之间的视高也是人视效果图中常用且透视表现效果较好的视高选择。在视平线以下的体块能够看到三面，如花坛、座椅、树池景观设计结构，它们的高度都在 0.45m 左右；在消失线以上的物体能看到底面结构，如一个景观亭的亭顶的内部结构，它的高度在 2.5m 左右，视平线以上的体块在人视效果图中多用于远景高大建筑、屋檐等体块的处理；而远景建筑则可以理解为是被视平线穿过的体块（尤其是鸟瞰效果表达中，由于视角较高，所有的体块都应该位于视平线以下），被视平线穿过的体块，在人视效果图中，因为视高取1.5~1.7m，所以这种体块多被运用于亭、廊、花架、景墙等可以让人通行或休憩的构筑物（图2-30至图2-33）。

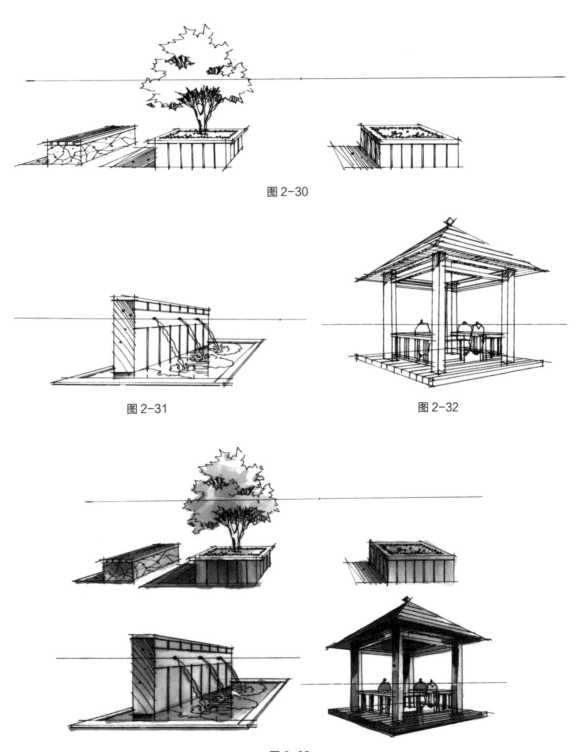

图2-30

图2-31　　　　　　　　　　　　　图2-32

图2-33

（二）两点透视下的体块练习要点

如果能完全理解一点透视的体块，那么两点透视体块的理解就非常简单了，只是在一点透视体块的基础上多考虑一个灭点。

两点透视下的体块练习也同样分为 3 种情况：在视平线以下的体块，两透视面远近距离对比夸张；被视平线穿过的体块，两透视面与人视角度最为接近，前后透视距离相差较小；视平线以上的体块，该透视下的物体处于仰视状态，物体挺拔，下小上大（图 2-34-1、图 2-34-2 上色效果）。

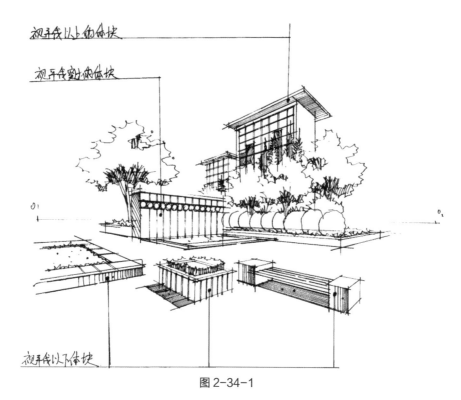

图 2-34-1

图 2-34-2

（三）单一体块练习范例

日常多做体块练习，能更有效地建立空间感和立体感，有利于景观设计效果图的表现，尤其是多做方体体块练习和球体体块练习（图 2-35、图 2-36）。

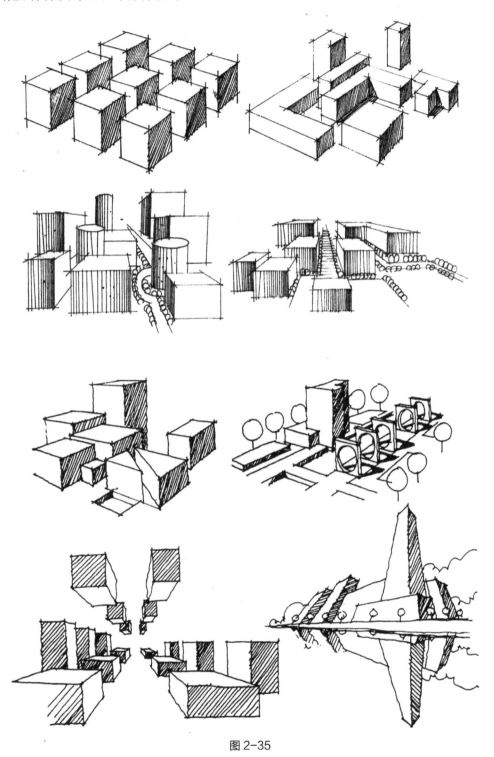

图 2-35

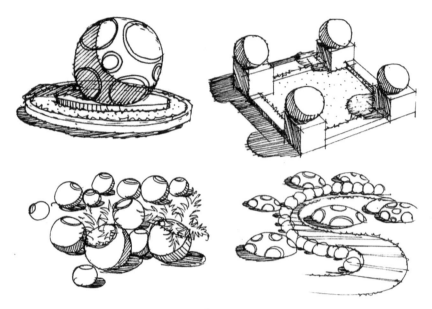

图 2-36

三、体块与景观的关联练习

（一）方体块

　　方体块是景观构筑物最常使用的体块，在同一种体块关系下，景观环境的营造可以千变万化，它可以是景观环境中的空间透视场景，如公园的某个绿地或是有长廊设施的广场设计，也可以是景观小品组合的透视关系，如广场上的休息座椅组合。

　　方体块在练习时注意在透视关系下把握垂直高度与画面平行，纵深线分别消失于两侧的灭点。需从整体出发，由外到里，由浅入深，逐步刻画景观细节。两点透视效果图虽然要遵循透视的原则，但是远景变化不宜过于夸张，不论是刻画景观小品还是景观空间，只要透视距离不大，水平方向纵深线基本可以做平行处理（图 2-37-1、图 2-37-2 上色效果）。

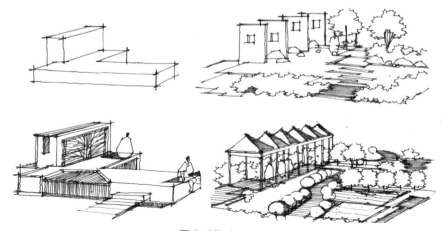

图 2-37-1

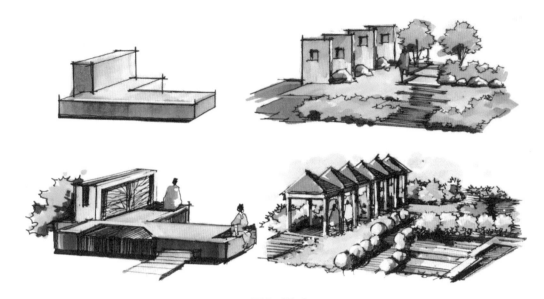

图 2-37-2

（二）弧形体块与 U 形体块

圈或环形成的弧形或 U 形体块多用于表达比较现代、活泼或是设计新颖的景观结构，如一个现代风格的公共座椅（图 2-38-1、图 2-38-2 上色效果）、景观雕塑、石笼景观（图 2-39-1、图 2-39-2 上色效果）、造型新颖的景观服务设施等。弧形体块和 U 形体块练习时需注意弧度大小的拿捏，平行的弧线是难点，注意拐弯处的体面描写。

图 2-38-1

图 2-38-2

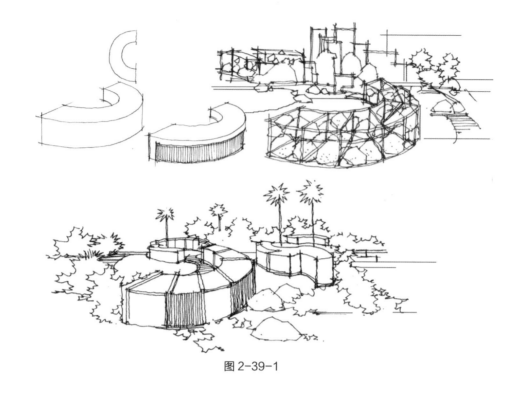

图 2-39-1

图 2-39-2

（三）柱体块

柱体相较环形体块在高度上有明显优势，能绘制出弧形的墙体效果，在弧形景观构筑物的竖向装饰设计上起着关键性的作用。如将弧形墙面以热带鱼图案镂空处理，可形成一个海底世界主题的儿童公园等。柱体块表达的难点在于柱体顶部与底部的弧线透视关系的表达，柱体的横截面的透视线是弧线，接近顶部的透视线向顶部弧出，接近底部的透视线向底部弧出，不可用横线或是斜线（图 2-40-1、图 2-40-2 上色效果）。

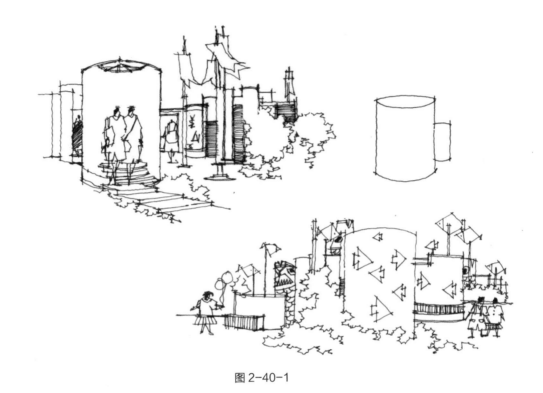

图 2-40-1

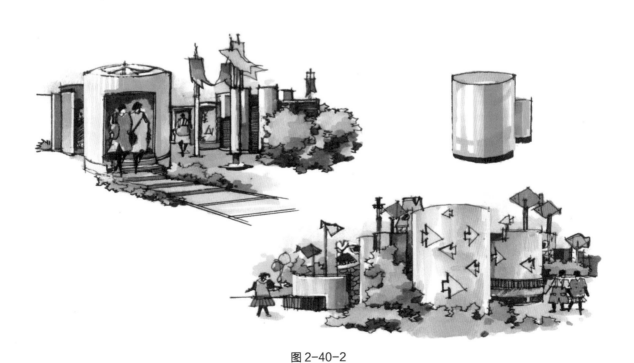

图 2-40-2

（四）三角体块

三角体块的倾斜角度是关键，不同的角度形成不同的体块关系，既可以是正三角体块的绿篱或是三角体块的落水景观，也可将两块方体合成三角体块做景观设计（图2-41-1、图2-41-2上色效果）。

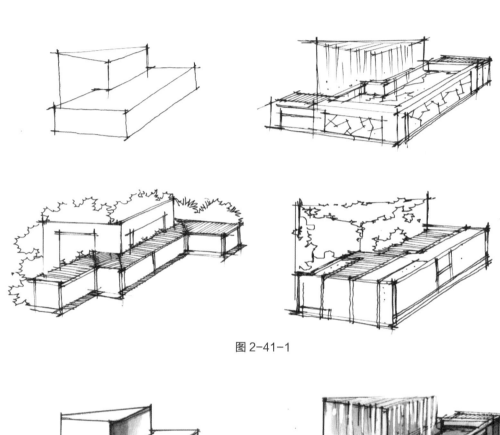

图2-41-1

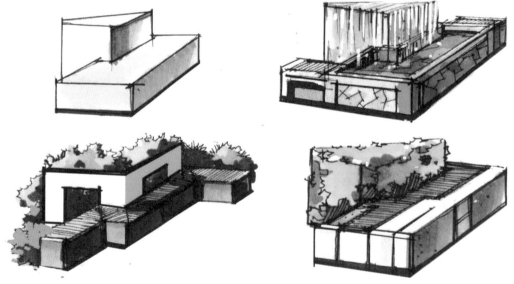

图2-41-2

（五）球体块

　　球体块景观设计创造力强，形式活泼，球体的手绘表达相较于其他形体略显简单，绘制时注意球体的明暗交界面，一般采用弧面表达。球体的阴影投影面为椭圆，注意投影面的虚实关系。也可以对球体体块进行加减法的形体塑造（图2-42-1、图2-42-2上色效果，图2-43-1、图2-43-2上色效果）。

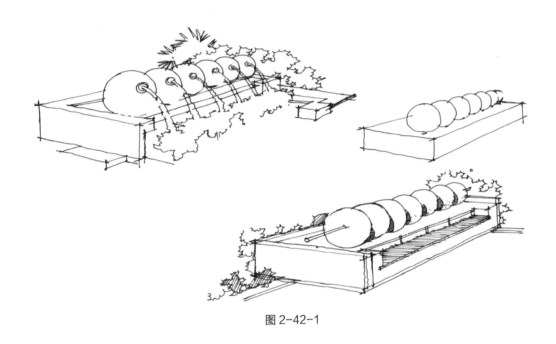

图 2-42-1

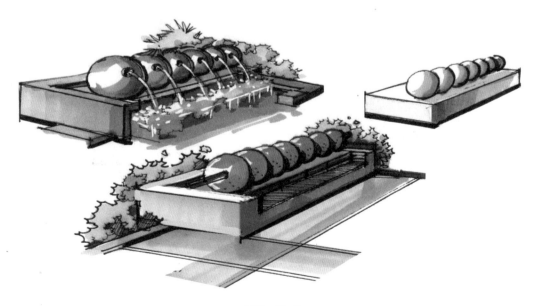

图 2-42-2

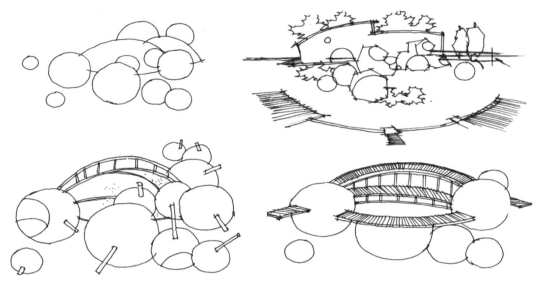

图 2-43-1

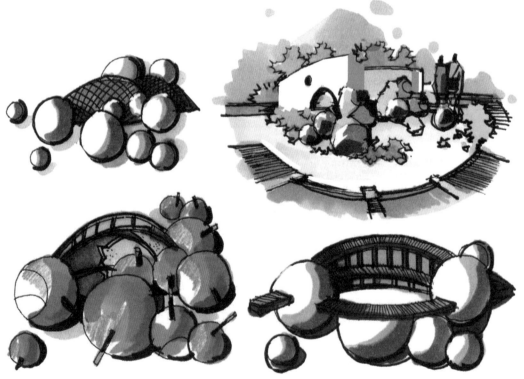

图 2-43-2

第三节　景观设计平面图例

一、景观元素常用平面图例

（一）植物景观平面图例

植物作为景观元素中不可或缺的一部分，由于品种繁多，大小各异，仅用单一的一个图案不能很好地表达出设计意图，因此我们需要用不同的树冠大小及曲线加以区别，并由此强调直观效果。在此，根据植物的基本特征以好用好画为基本原则总结归纳出一些植物图例供学生使用。平面图例中最重要的是比例尺寸问题，一般用网格进行控制，在平面图中不可任意度量植物的大小，如一棵普通的大乔木直径为 4~5m，小乔木直径为 2~3m；其次图例表达上要注意每一个点、每一条线、每一个圈所代表的基本含义，如大多情况下，点代表树干、圈代表树冠、线代表树枝等。平面植物绘制多用圆圈表示，初学者可以借助圆模板工具辅助画图，勤加练习，日后徒手表达植物平面必定得心应手。

不同的植物类型对应的平面图例也有所不同，下面根据草地、花坛、孤植、树阵、树池、植物组合景观、树丛等常用植物景观表达形式做了图例示范，大家也可以自行设计，在原创和积累平面图例的过程中，要准确地运用图例传递景观设计的布置信息。

1. 孤植景观平面图例

孤植指的是利用单棵植物造景，选取的植物品相高，观赏性强，在平面表达上，树冠形态饱满。如图 2-44-1、图 2-44-2 上色效果所示，第二、三排的孤植平面图例相对复杂，所代表的植物形态更显丰富，图 2-45 是景观设计平面图中常见的乔木平面图例表达。

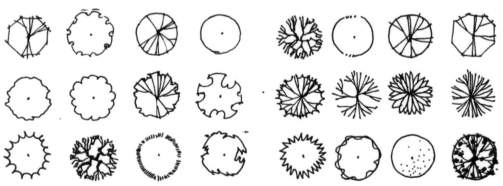

图 2-44-1

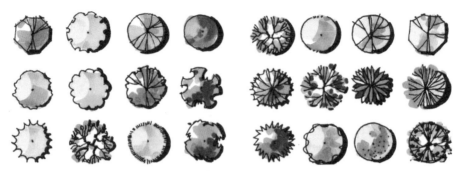

图 2-44-2

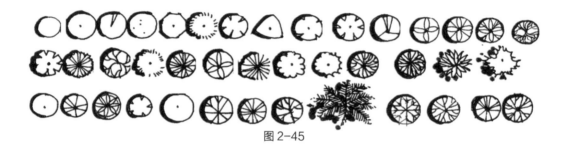

图 2-45

2. 花坛景观平面图例

花坛的表现相对简单，首先注意花坛具备一定的围合造型，用双线表达花坛围合造型的体块关系，用植物线、点表达植物的质感（图 2-46-1、图 2-46-2 上色效果）。

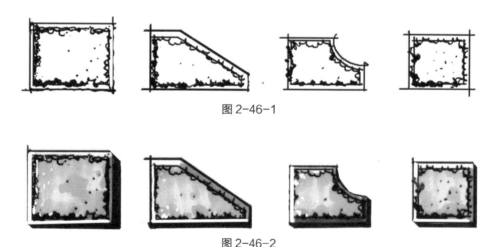

图 2-46-1

图 2-46-2

3. 植物组合景观平面图例

植物组合平面图画法主要是借助植物单体画法组合而成，根据图中案例可以看出一个常规的植物组合以奇数为主，三五成群，植物种类上有乔木和灌木，体量上有大有小，组合布局上有疏有密，绘制时注意植物组合的聚散、大小关系。初学者可以简易地想象成卡通人物"米奇"的头像，一个大圆脸、两个小耳朵，定型之后再做细节变化（图 2-47-1 植物组合平面图例、

图 2-47-2 植物组合平面图例上色效果，图 2-48-1 植物组合立面图例、图 2-48-2 植物组合立面图上色效果，图 2-49-1 植物组合景观平面图例参考、图 2-49-2 植物组合景观平面图例参考上色效果）。

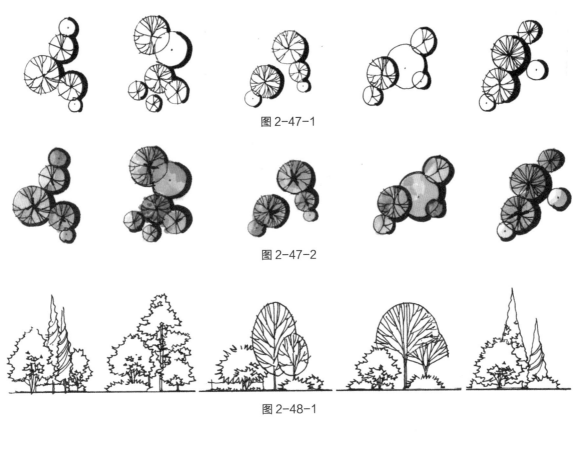

图 2-47-1

图 2-47-2

图 2-48-1

图 2-48-2

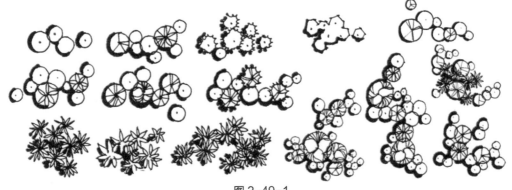

图 2-49-1

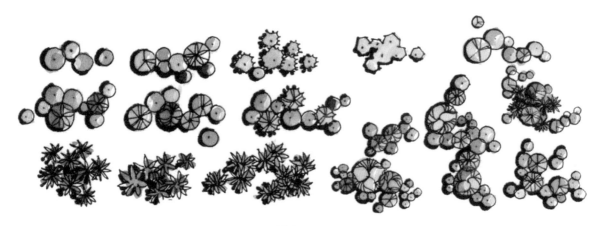

图 2-49-2

4. 树阵、树池景观平面图例

树阵景观平面表现相对简单，就是将表达单科植物的圆图例，按照一定的阵列、延续、对称等序列关系排列起来形成的植物组合形式，绘制时注意阵列的组合方式，保持植物大小的统一。树池是在树阵平面图例的基础上，在每个单科植物平面中添加一个方块或圆形的树池围合，形状如古钱币一般（图 2-50-1、图 2-50-2 上色效果）。

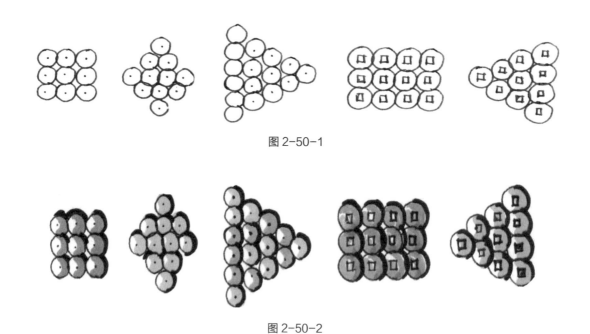

图 2-50-1

图 2-50-2

5. 树丛景观平面图例

成丛成团的植物景观组合，具有布局自然、数量多、体量大、围合性强等特点，绘制时注意树丛围合形状的自然流畅，初学者可用 2H 铅笔先打好初始形状，勾线笔做线稿时注意树丛外轮廓的勾勒，多是圆弧，但为了体现植物的特殊性也会用到六边形线、爆炸线、五角星形线等。有时也为了体现树丛景观的自然分布，在树丛主体周围也会散落多个散开的植物平面图例。

树丛景观植物布局紧凑，在平面图绘制时需表达阴影、投影关系，考虑植物高低不同，其阴影投影表达的面积不同。除此之外，还需要注意统一光源、统一投影面的方向，不可胡乱做投影（图 2-51-1、图 2-51-2 上色效果图）。

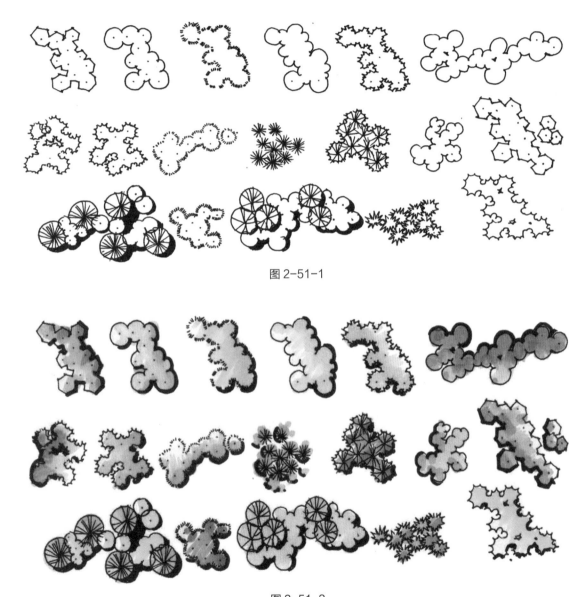

图 2-51-1

图 2-51-2

（二）景观建筑平面图例

景观设计中涉及的建筑多半是小型建筑，或是规划红线周边的大型建筑。如居住区景观规划设计时，无论是平面图还是效果图都要将景观规划区域周边的环境表达出来，居民楼很有可能是你需要表达的对象，虽然不是设计的主体，但是为了整体效果也必须将规划周边环境效果顺带表现出来。

　　景观建筑平面图例基本就是把建筑顶面或是建筑的基本空间围合布局表现出来即可，画法上有2种，一种是坡屋顶建筑的表达，另一种是平屋顶建筑平面的表达。坡屋顶建筑的平面图例多中式建筑，如亭台楼阁等，绘制时在确保准确的建筑尺寸、比例、布局关系的前提下，用密实的线条表达暗面，形成强烈的明暗对比关系，重难点是具有弯拐围合建筑平面的表达，如垂直弯拐，其弯拐处暗面纹理横竖线交叉呈90°；平屋顶建筑平面的表达，注意其建筑的空间布局围合情况及楼层高低的表达，建筑平面图例的外轮廓线就是建筑的空间布局围合情况，"×F"表示建筑的层高。不论是哪种建筑平面图例，阴影、投影都是必要的，也是难点，同投影高度角的情况下，高楼层的建筑其投影面积大，否则相反。除此之外，随着建筑围合情况不同，其阴影投影面的形状有所不同（图2-52-1、图2-52-2上色效果）。

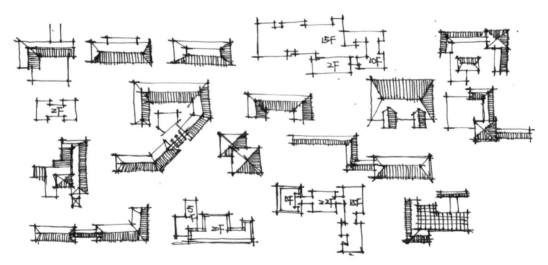

图 2-52-1

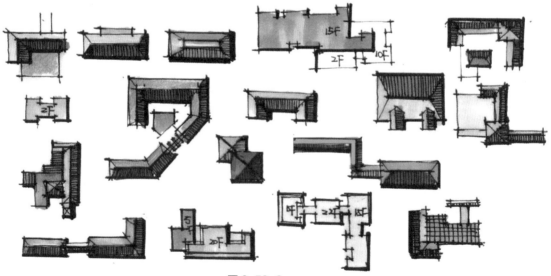

图 2-52-2

（三）景观构筑物平面图例

1. 亭子

亭子是较常见的景观构筑物，平面图例多呈现方体，个别还需要表达出亭子底部凸出的基座及延伸的长廊与花架等。常见的有四边亭、六角亭、八角亭、圆亭等；层数上有单亭、双亭及多亭，为此亭子的平面图例要根据景观设计的切实需求进行绘制，注意尺寸比例及明暗立体关系的把握（图 2-53-1、图 2-53-2 上色效果）。

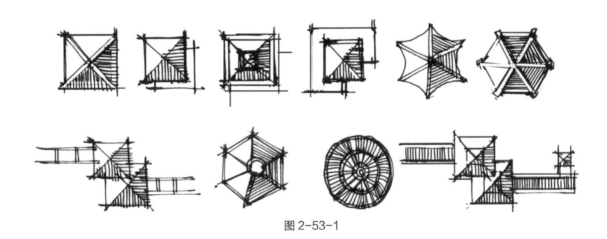

图 2-53-1

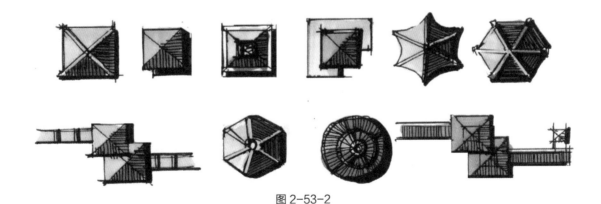

图 2-53-2

2. 花架

花架多是等比关系下的栅格结构，常见横竖垂直格栅或是弧形格栅，绘制时注意格栅木条的厚度关系，用双线表达其厚度，注意宽度与尺寸之间的关系。除此之外，还需要注意结构的遮挡关系，上面的结构会把下面的结构遮挡住。花架景观上还有藤蔓、攀爬等植物，用植物线围合植物的轮廓，其围合的形体注意大小、疏密关系（图 2-54-1、图 2-54-2 上色效果）。

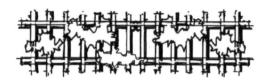

图 2-54-1

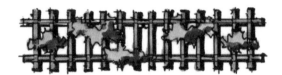

图 2-54-2

3. 张拉膜

张拉膜景观平面图例多内凹边，初学者用铅笔勾勒好多边形，用签字笔定线稿时再做内凹弧线，张拉膜多伞状，在平面图表达时注意张拉膜尺寸比例的缩放问题（图 2-55-1、图 2-55-2上色效果）。

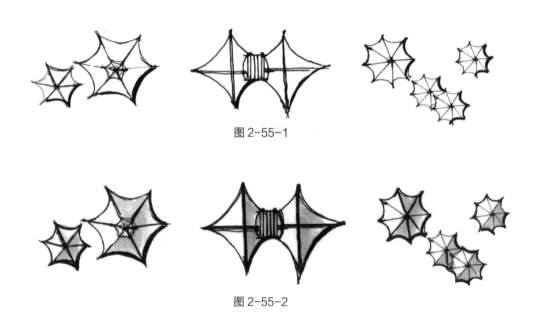

图 2-55-1

图 2-55-2

4. 景观小品平面图例

（1）雕塑

景观设计平面图中雕塑的表达多用方形体块或是圆形体块表现，也可将单个体块平面图例组合成雕塑群平面图例，小比例尺状态下的平面图例要更具象一些。如一个石雕平面图例可能是单个石块的平面图例，体块替代雕塑的情况下注意雕塑的形态结构、尺度关系、排列形式、阴影投影等的重点表达即可（图 2-56-1、图 2-56-2上色效果）。

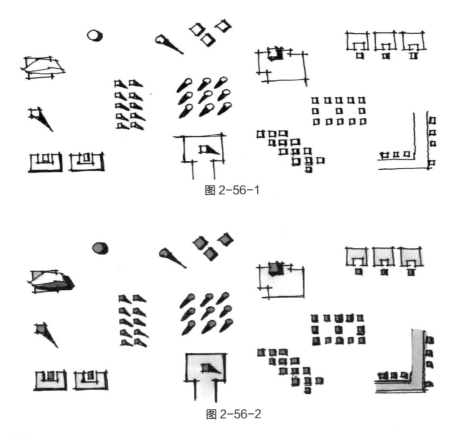

图 2-56-1

图 2-56-2

（2）景墙

景墙的平面图例多是呈长方形，也有可能是折线与异形。绘制时注意面体关系的围合，线条交叉连接可出头，不可断裂，如遇到阵列延续，注意单个景观墙体的围合结构及组合景墙的阵列形式。绘制投影时注意景墙的封闭表达，可过人的景墙投影要留出可过区域的投影，不可过人的景墙投影连贯（图 2-57-1、图 2-57-2 上色效果）。

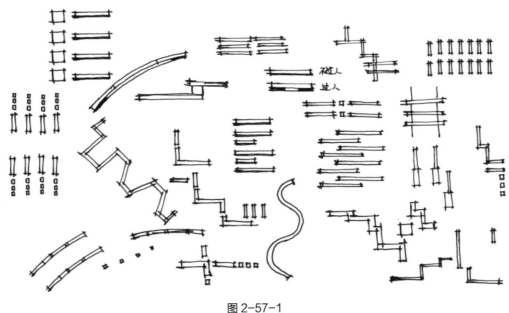

图 2-57-1

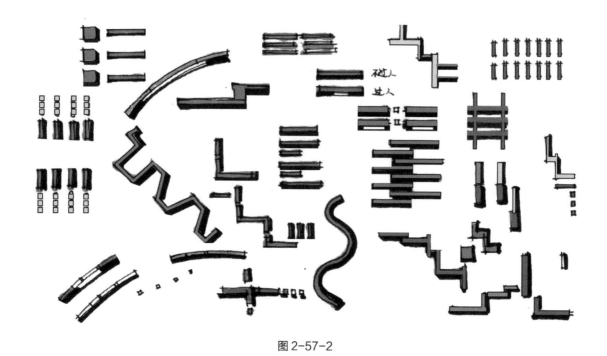

图 2-57-2

（四）基础服务设施平面图例

1.景观椅凳

基础服务设施最常用的就是景观椅凳，其平面图例多出现在景观休闲区，首先注意桌椅板凳的尺度关系、围合关系，其次根据景观设计的场地因素和主题的不同适用不同的艺术造型，用简易的平面图形表达设施组合、结构关系即可（图 2-58-1、图 2-58-2 上色效果）。

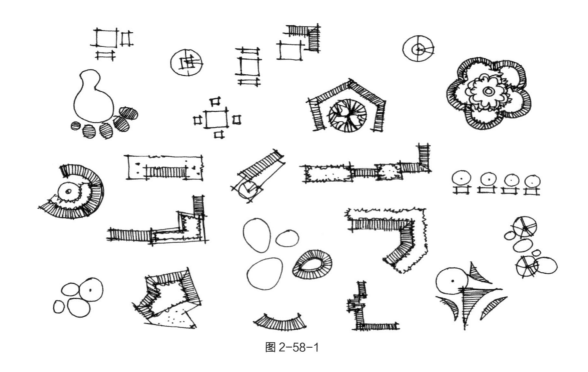

图 2-58-1

图 2-58-2

2. 儿童游戏娱乐设施平面图例

儿童游戏娱乐设施从安全方面考虑，多围合结构，为了增添趣味性多弧线结构、网状结构、阶梯结构（图 2-59-1、图 2-59-2 上色效果）。

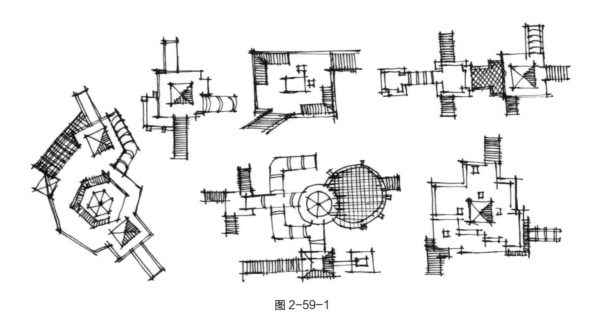

图 2-59-1

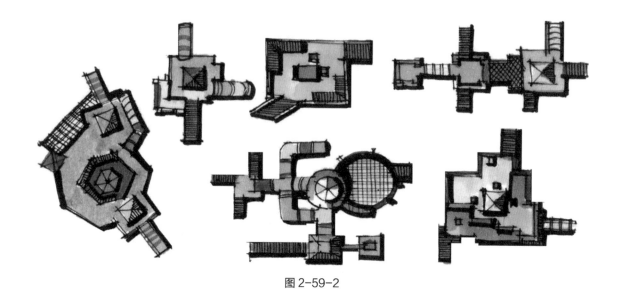

图 2-59-2

3. 健身器材平面图例

（图 2-60-1、图 2-60-2 上色效果）

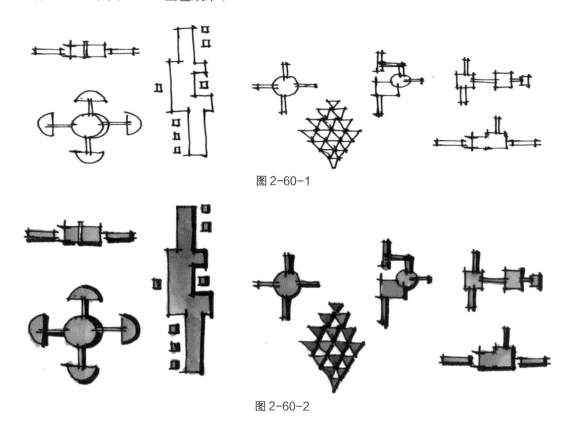

图 2-60-1

图 2-60-2

4. 停车位平面图例

　　绘制停车位的平面图例时注意每个停车位的尺度关系，如出现多向停车的情况，需要梳理出入交通流线，停车位一般有垂直式、平行式、倾斜式 3 种，如需要做周边植物平面表达，注意植物平面图例直径与停车位的尺度比例关系（图 2-61）。

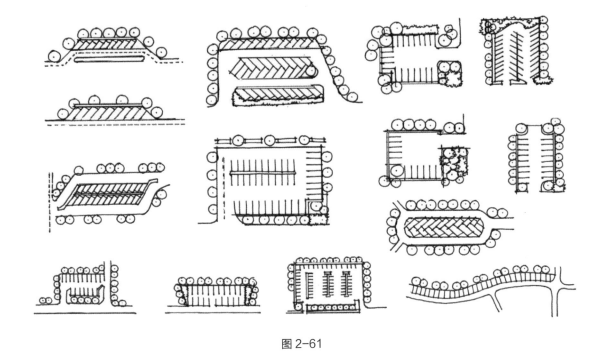

图 2-61

（五）石元素平面图例

石元素的平面表达注意石的多角、多面的形体关系，如需要表达的是石元素组合景观，需要注意石元素之间的疏密、大小组合关系（图 2-62）。

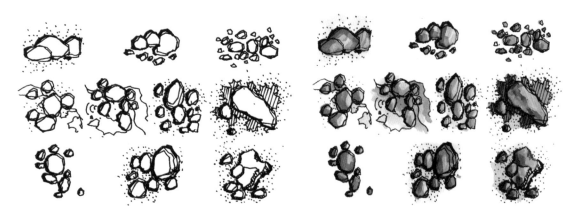

图 2-62

（六）水元素平面图例

水元素平面图例的表达难点在于水面围合形态的自然性，很多初学者在表达水元素时容易将水面画的死板，学习水面构形时可以参考地图中真实的水面形体进行练习（图 2-63）。

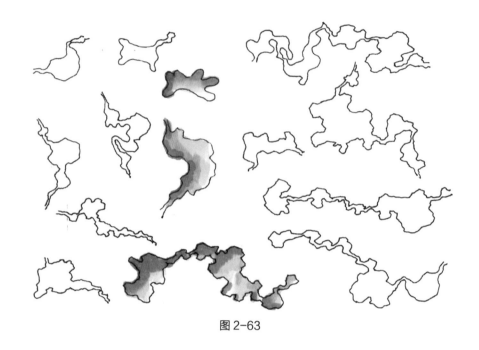

图 2-63

（七）码头平面图例

码头平面图例的表达除了设计的平面图形外，一是注意码头上的阳伞、雕塑、座椅等基础服务设施的表达；二是用流畅的弧线表达水纹，注意水纹的疏密关系；三是码头多为木质结构，宜用平行排线表达木头材质（图2-64）。

图 2-64

（八）交通工具平面图例

停车位平面表达时，有时为了体现一定的环境氛围，会绘制交通工具于图中，多是机动车的表达，注意机动车的基本结构。交通工具只是搭配元素，不必做细节表达，表达基本结构即可。

1. 绘制步骤

（图 2-65）

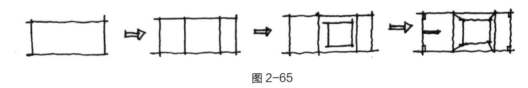

图 2-65

2. 参考图例

不同机动车平面图例不同，应用表达时可参考以下图例进行绘制（图 2-66）。

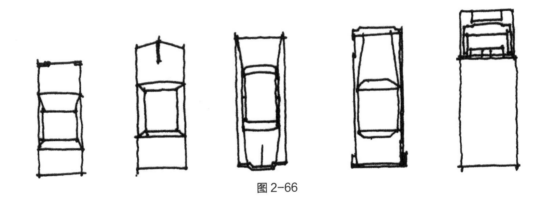

图 2-66

（九）指北针与比例尺平面图例

（图 2-67、图 2-68）

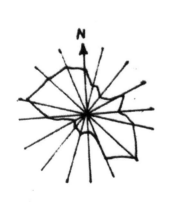

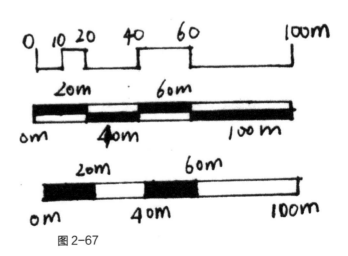

图 2-67

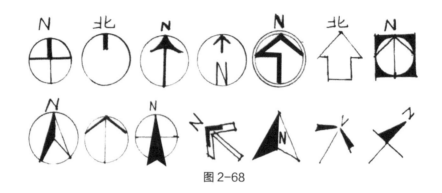

图 2-68

（十）景观快题标题常用字体库

（图 2-69）

图 2-69

第四节　立面图例

一、植物景观立面图图例

（一）仿真形图例

（图2-70）

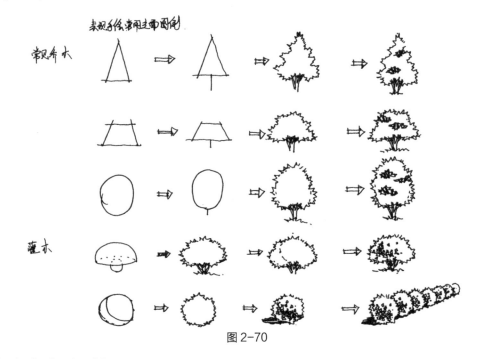

图2-70

（二）概念形图例

（图2-71）

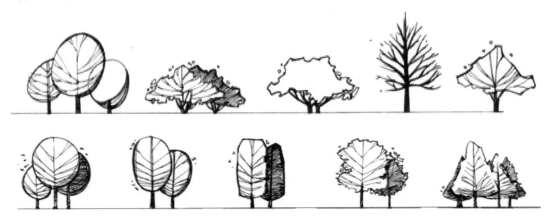

图2-71

二、石元素立面图例

立面的石元素要注意高度的与宽度的比例关系，也要表现出石元素的厚度关系，但不宜过厚。如果画剖面图或立面图时，注意其与植物之间的对比关系及前后的虚实关系（图2-72）。

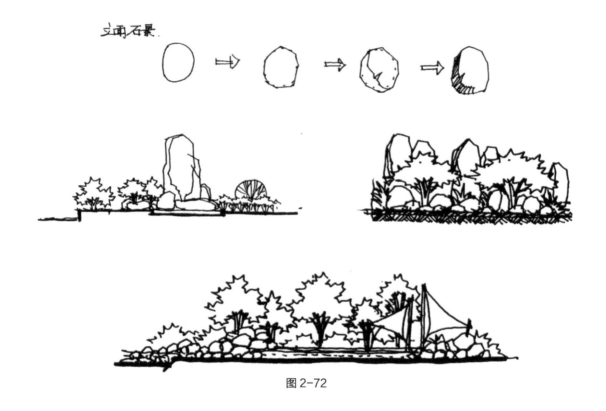

图 2-72

三、水元素立面图例

水立面表示时常用虚线表示水体质感（图2-73）。

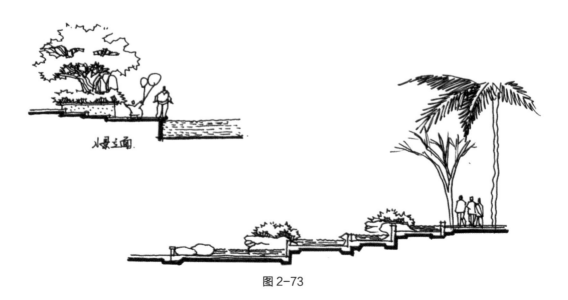

图 2-73

四、景观构筑物立面图图例

（一）亭子立面

（图 2-74 至图 2-77）。

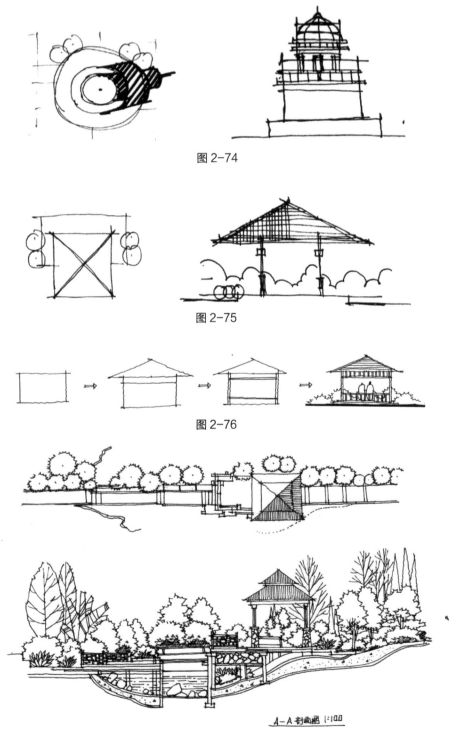

图 2-74

图 2-75

图 2-76

A-A剖面图 1:100

图 2-77

（二）廊架立面

（图 2-78）

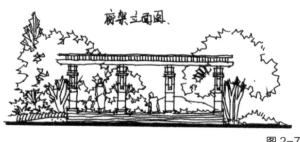

图 2-78

（三）景墙立面

（图 2-79 至图 2-82）

图 2-79

图 2-80

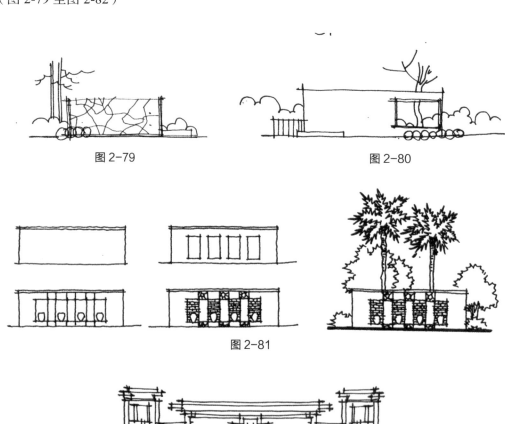

图 2-81

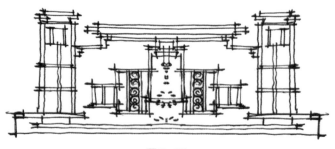

图 2-82

五、桥坝景观立面图例

（图 2-83、图 2-84）

图 2-83

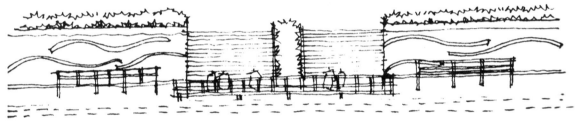

图 2-84

六、交通工具立面图例

（图 2-85）

图 2-85

第五节　分析图图例

一、功能分区分析图例

（一）规则式

（图 2-86、图 2-87）

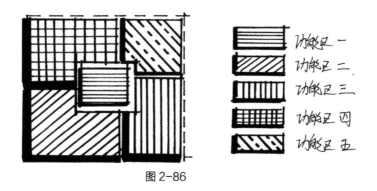

图 2-86

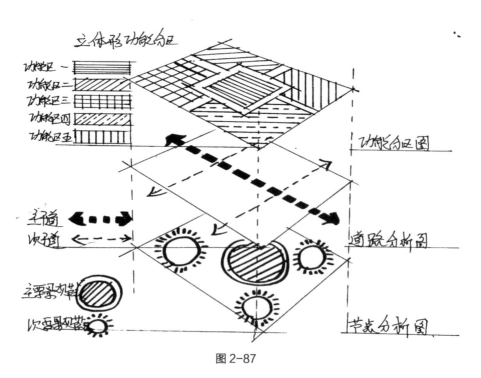

图 2-87

（二）边界式

（图 2-88）

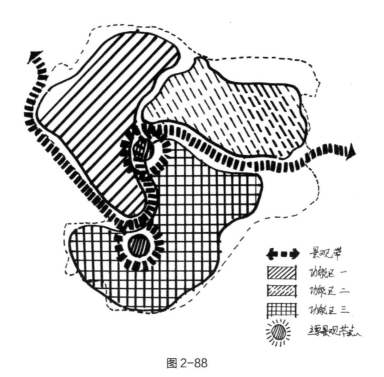

图 2-88

二、景观节点分析图例

（图 2-89）

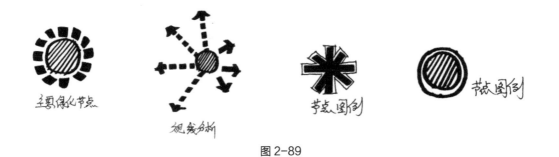

图 2-89

三、轴线及道路交通分析图例

（图 2-90、图 2-91）

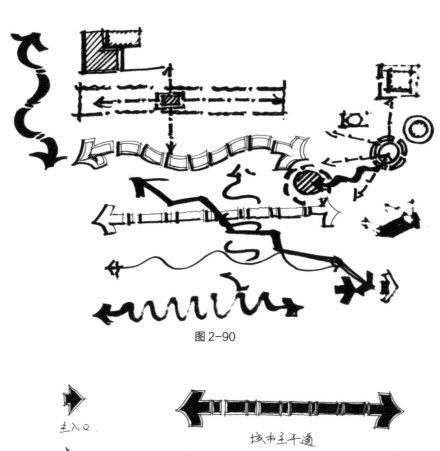

图 2-90

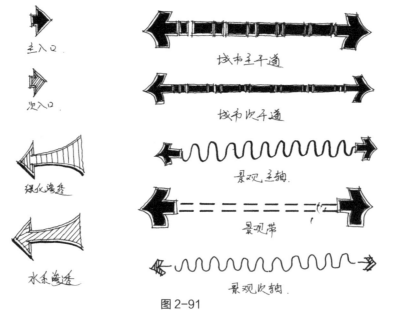

主入口

次入口

绿化渗透

水系渗透

城市主干道

城市次干道

景观主轴

景观带

景观次轴

图 2-91

第六节　材质图例

一、景观石材图例

（一）抹灰材质

（图 2-92）

图 2-92

（二）石路面

（图 2-93）

图 2-93

（三）块石墙

（图 2-94）

图 2-94

（四）砖材质

（图 2-95）

图 2-95

二、景观木材图例

（一）纹理

（图 2-96）

图 2-96

（二）材质

（图 2-97）

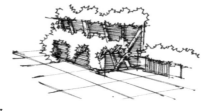

图 2-97

三、景观透明材质图例

（图 2-98、图 2-99）

图 2-98

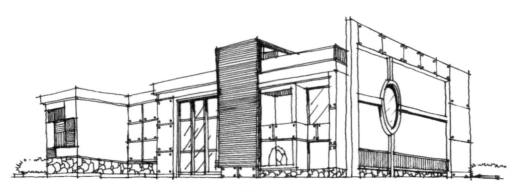

图 2-99

四、铺装拼花图例

（图 2-100）

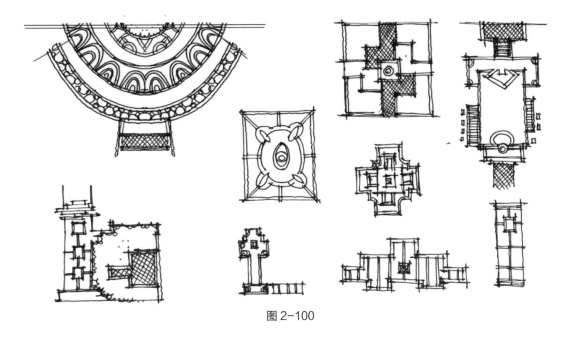

图 2-100

五、常用景观材质图例

（图 2-101）

图 2-101

六、景观节点参考

（一）"方形"景观节点平面参考

（图 2-102 至图 2-107）

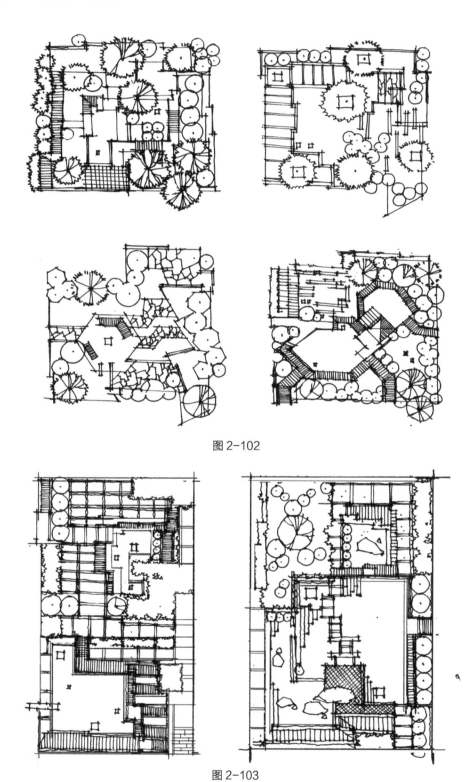

图 2-102

图 2-103

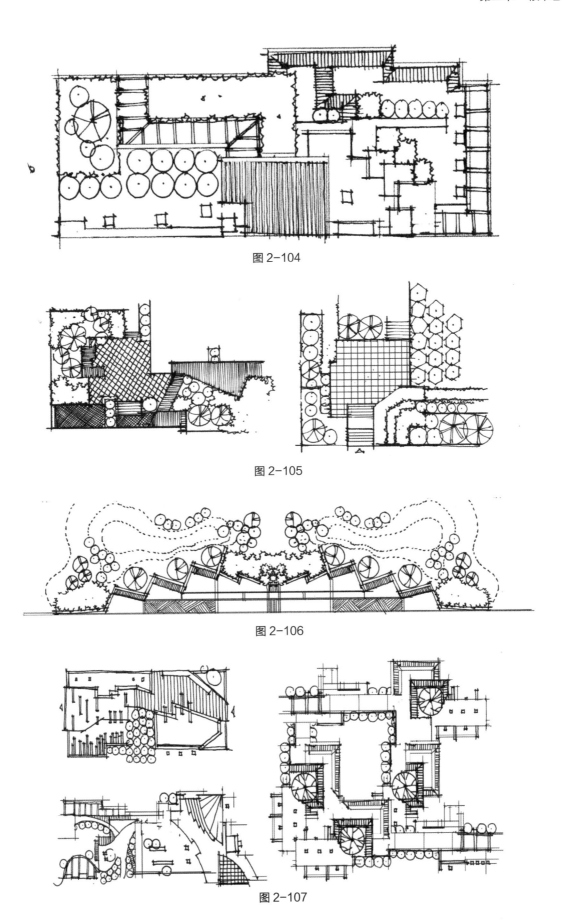

图 2-104

图 2-105

图 2-106

图 2-107

（二）"圆形"景观节点平面参考

（图 2-108 至图 2-111）。

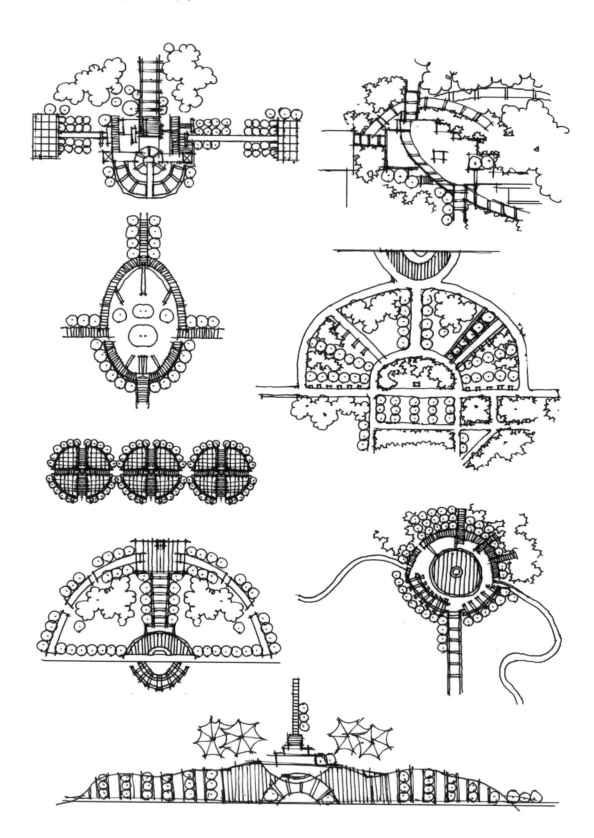

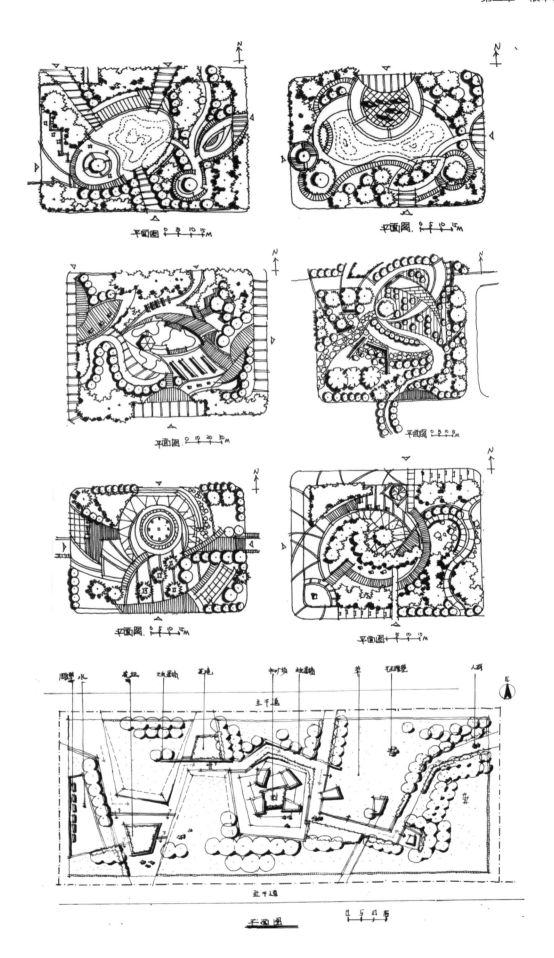

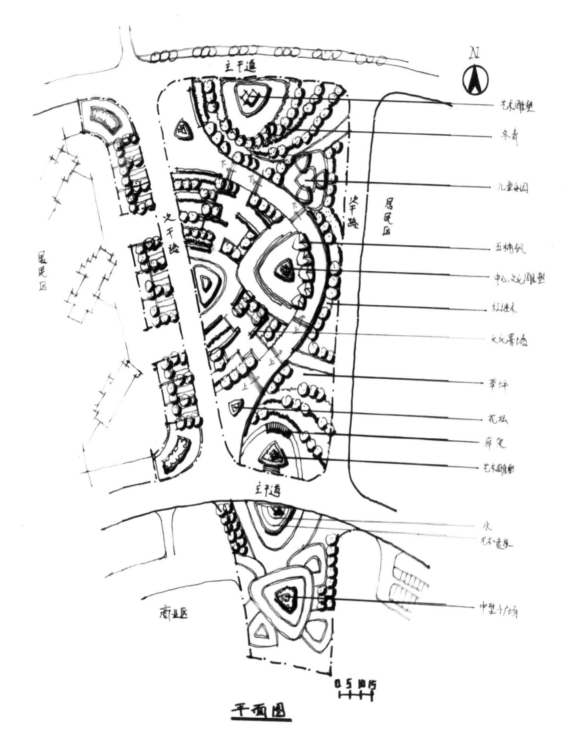

图 2-108

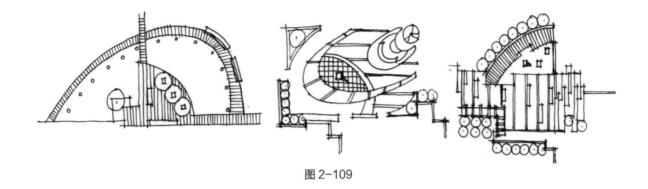

图 2-109

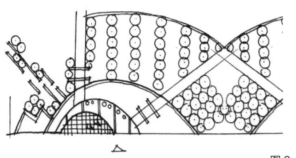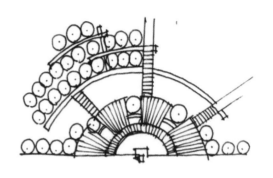

图 2-110

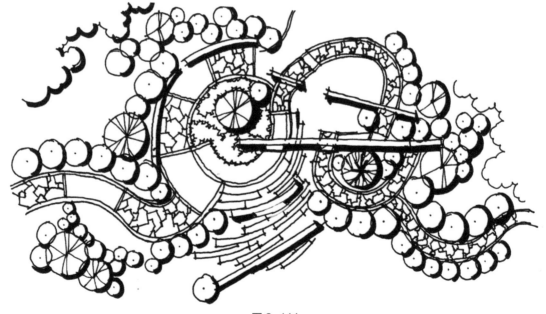

图 2-111

(三) "三角形"景观节点平面参考

(图 2-112)

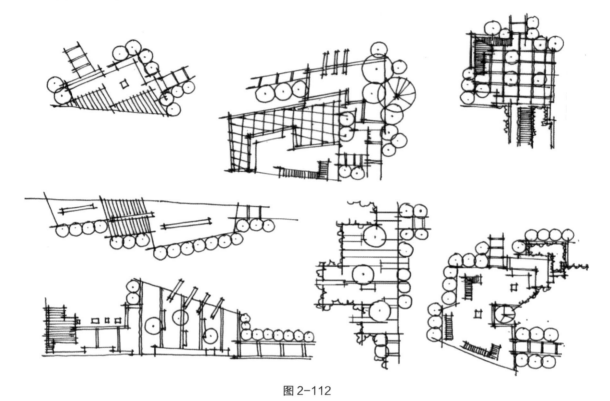

图 2-112

(四) "异形"景观节点平面参考

(图 2-113)

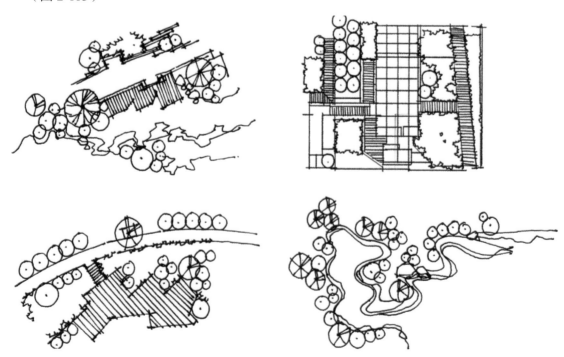

图 2-113

第三章　弹药箱

第一节　植物景观元素效果图表现技法

　　植物种类繁多，根据其属性可分为乔木、灌木、草本等植物类型。植物作为景观设计元素的重中之重，植物手绘的表现好坏直接影响到景观效果图的成败，建议景观手绘初学者可以从植物入手，分别针对不同属性的植物进行形体塑性、线条质感、体块关系等方面的练习。

　　由于植物的手绘表现形式多样，在此不做统一要求，只需通过自身对植物形象的理解，高度概括其外形特质，适当丰富细节，达到准确传递植物信息的效果即可。

　　植物表达时切记三弊：形不准、线凌乱、结构散。

一、灌木

（一）灌木的表现要点

　　（1）不同种类的灌木，其外形轮廓不一，可选择的植物线形也不尽相同（可参考第二章第一节"植物线"内容练习）。灌木轮廓线可选用内外"回"字线条、内外云线、五角星形线条及"W"形线条表现不同种类的灌木，也可采用多线条的交叉综合表现，可使灌木更加自然真实（图3-1）。

图3-1

　　（2）初学时，可选球状灌木进行练习，球体透视及明暗关系的处理是最基础的绘画知识，易于掌握。根据光线投射方向，利用黑白灰色调区分受光面及背光面的明暗关系，并对灌木进行细节刻画。

　　（3）灌木细节刻画不必过于细致，如想表达每个叶片之类都是不可取的，利用简单的点、线、面表达其大概的形体关系即可。

　　（4）准确把握灌木外形轮廓特征，不能以偏概全。受光留白处的轮廓线可稀疏一些，可出现断面、碎面过渡，背光面用线相对可密实紧凑。如此一来，既符合灌木的生长特性，又能体现其生长环境，可谓一举两得。

（5）高光周边位置可适当地增添一些小碎面补充枝叶的细节，如此，即可缓和过渡明暗（图3-2）。

图3-2

（二）灌木单体效果画法步骤

1. 自然灌木

灌木与乔木不同，植株相对矮小，没有明显的主干，是近地处枝干丛生的木本植物。单株的灌木画法与乔木相同，根据灌木的轮廓特点用一般植物线勾勒出大致的形体，不用过于深入，依据光线投射方向表达出明、暗、灰体块关系即可（图3-3）。

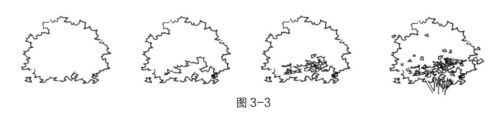

图3-3

2. 人工绿篱

人工绿篱是通过对原生灌木的修剪、造型，以近距离的株行距密植，栽成单行或双行，紧密结合的规则种植形式。因绿篱设计形式的不同，植物的尺度、形态也各显不同，在绘制绿篱时，只需要用内外"回"字植物线高度概括其形态轮廓，明确体块明暗关系，适当丰富内部细节即可（图3-4）。

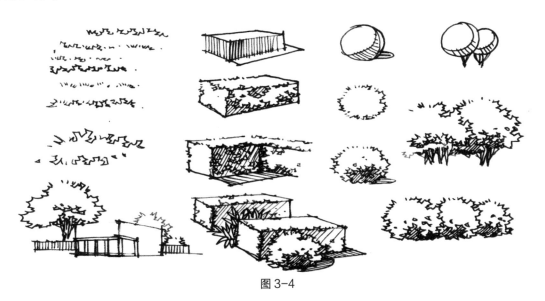

图3-4

（三）灌木练习图库

灌木植株是矮小而丛生的木本植物，通常以片植为主，有自然式和规则式 2 种。在画法上大同小异，注意疏密虚实的变化。远处的灌木简单表现，抓住基本轮廓，用线简易分出明暗关系即可。近处的灌木需要表现细节特征，例如黄杨和金叶女贞其叶片小而多，在表达上可用一般的植物线表达出整个灌木的形体特点，像八角金盘和十大功劳等植物叶片比较特别，可做细节刻画。灌木枝叶的表现，应依附其形体关系，注意前后穿插及疏密关系的组织（图 3-5-1、图3-5-2）。

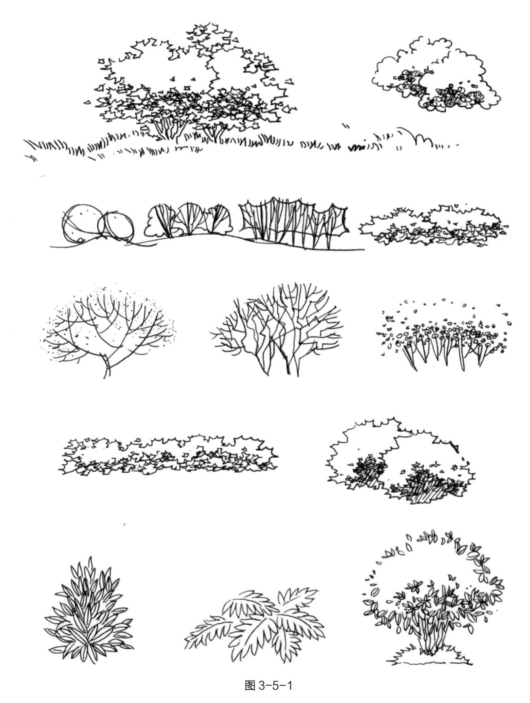

图 3-5-1

图 3-5-2

二、乔木

乔木是指树形高大的树种，其品种众多，外形各异。一般由树干、树枝、树冠三部分构成，树干直曲不一，耸立挺拔，树枝交叉复杂，曲绕有趣，树冠枝繁叶茂，形体万千。

（一）乔木表现要点

（1）手绘乔木，重点把握树干、树枝、树冠的生长特征，抓住要点，逐个击破。可先画主干，以确定树的姿态，并从中发散枝干，确定乔木树冠形态，而后根据树冠绘制叶丛，最后再加小树枝、小碎面过渡体块关系，使主干与树叶联成整体。

绘制时注意乔木整体的外形大小、结构、比例及疏密关系，组织上要有虚实变化，利用与低矮灌木及地被植物相互呼应、对比、衬托来表现其整体效果（图3-6）。

（2）在景观效果图中乔木的大小、高低及透视表现要求均有不同。常规的透视角度有人视、仰视、俯视三个角度，人视角度树枝、树干、树干结构表现不做特殊变化；仰视角度树干、树枝结构表现比重大些，多表现乔木的挺拔之感；鸟瞰图中俯视的乔木，树冠结构表现较多，树干被叶片组成的蓬松树冠所挡（图3-7）。

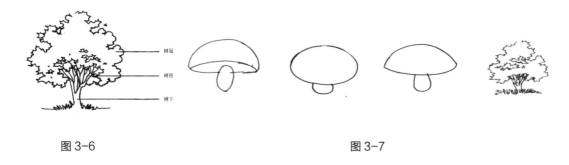

图3-6   图3-7

（3）树冠形状是由于枝干的伸展方式决定的，常见的乔木树冠多为塔状、梯形、椭圆、伞状、球状。乔木练习初期，可利用植物线，依附形体组织关系绘制出乔木的基本外形轮廓，再做细节刻画，简单方便（图3-8）。

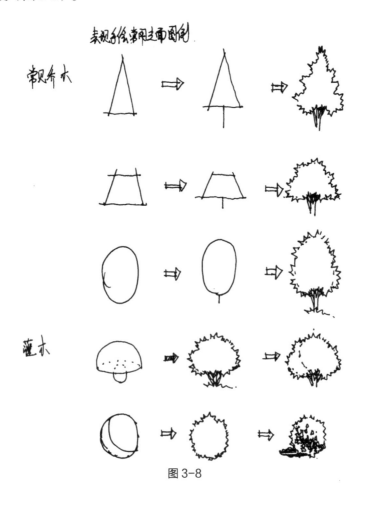

图3-8

（4）乔木的树干是由根部生长出来的独立主干，在绘制乔木时需要特别注意树干和树冠之间的比例关系。一般情况下乔木的树冠占整个乔木高度的三分之二，塔状乔木的树冠占整个乔木高度的五分之四，掌握准确的比例关系才能真实自然地表现乔木的生长特性（图3-9）。

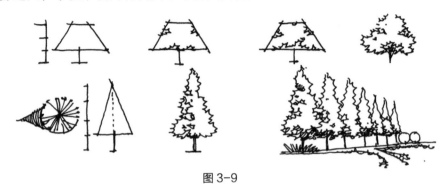

图3-9

（5）树干是乔木的支撑结构，呈柱体样式。一般乔木的树干下粗上细，缓和过渡，树干、树枝依次由生长方向慢慢变细。树枝依附主干分前枝、后枝交替出现，凸显树枝前后内外的空间层次，切忌不可左右对称、平均死板。树干上的纹理表现上多为弧线，体现立体感，切忌横线与斜线，同时还需要注意弧线的疏密关系，不可分段化、平均化，应抓住树干的自然特征描写（图3-10、图3-11）。

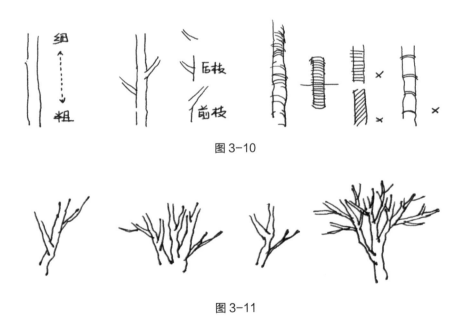

图3-10

图3-11

（6）乔木的树冠形式多样，但绘制时只要把握几个要点即可。第一，保持树冠左右自然平衡，不可畸形不稳，也不可左右对称呆板。第二，注意树冠明暗关系的表达，分清受光面与背光面。受光面的树冠轮廓线适度稀松，背光面相对密实紧凑，明暗交界面位置可适当用排线或小碎面加以区别和过度。第三，如果出现多层次、关系较复杂的树冠，可分组团绘制，注意形体大小、虚实疏密的整体关系，不可机械、定式同等块大小刻画暗面（图3-12）。

图3-12

（7）以景观设计中常用乔木——香樟树为例，其树冠圆浑，叶丛成团，有厚重饱满感，外形轮廓多为圆形、三角饭团状或是短椭圆状，绘制轮廓时注意其外形的蓬松感。其树干大直小曲，多干上带枝，树冠依树枝生成，分体块组合。其树冠暗处受光线影响，多体现在体块底部，周围树叶稀疏，因此树冠暗面总会有几处镂空面，镂空处有部分枝杈从缝隙中显露出来（图3-13）。

图3-13

（二）棕榈树

棕榈树是亚热带常见树种，如霸王椰、狐尾椰和加拿利海枣等。其树种高贵大气，造型别致，摇曳多姿，处理好棕榈树叶片变化及组合关系，对确切体现它婀娜充满韵律的风姿尤为重要。

（1）棕榈树的叶片多且长，层叠复杂，叶片的流苏感是棕榈树叶处理最大的难点。处理叶片时，可以先考虑用铅笔轻轻地使用单线简单概括地将棕榈树的叶片关系表现出来，可假想为烟花状；再用简单的面的关系将叶片的立体关系、层叠关系表现出来，画时注意前后叶片的遮挡关系；最后根据叶面的大体关系细化出叶片细节，棕榈树叶片从根部到尾端会缓和变小直至合成一点（图3-14）。

图 3-14

叶片的流苏处理可用连续三角线渐变和短线渐变两种方法来表达。连续三角线刻画时下笔柔软，三角尖端保持统一方向，叶片呈微弧线，切记不可绘制出坚硬锯齿状，如此就表现不出棕榈树叶自然质感，基础较弱的同学可用渐变短线的方式表现，容易上手。呈现扇形的棕榈树叶片，可先用铅笔把扇形的外轮廓简单勾勒出来，根据外轮廓进行叶片的细节处理，叶片分裂感和重力感要仔细刻画（图 3-15）。

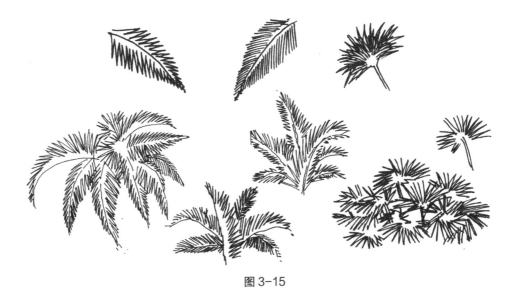

图 3-15

（2）棕榈树树干处理相对叶片容易很多，棕榈树多生活在热带，需要良好的自我补给性与保温性，因此一般情况下棕榈树树干下细上粗，在果实处储备营养供给。为了保温，树干结构包覆性强，树皮厚实，皮上纹理纹路较多，多为弧线、交叉纹、菠萝纹及碎石纹等，其树干相对高大挺拔，粗壮扎实（图 3-16）。

图 3-16

（3）绘制场景效果图有时需要表现远处的棕榈树，遵循近实远虚的透视原理，其轮廓描写多简易、概念化，从开始的"仿真"形态慢慢过渡到"仙女棒"形体，遵循树冠与树干的比例，把握棕榈植物的基本外形特征即可（图3-17）。

图 3-17

（4）棕榈树练习后期可找不同种类、形态的棕榈树进行练习，先观察，再分析，后动手，抓住植物不同特征进行描写（图3-18-1、图3-18-2）。

图 3-18-1

图 3-18-2

（三）塔状乔木表现

塔状乔木形如宝塔，呈圆锥状。不同种类的塔状乔木，形相似，但在处理大小体量、枝叶繁茂程度、远近虚实关系上会有不同表现。如松柏类塔状乔木，树叶茂密，四季常绿，形体扎实，体态稳定，表现上多利用圆锥体表现外轮廓，利用黑白色调拉开明暗面关系，或用点、线组合表达体积关系；如杉类乔木，树叶相对稀疏，秋冬落叶变化明显，多从枝干体态角度描写，上色时增添叶片效果图会更好；远景的塔状乔木利用简单的排线或者三角形表现基本轮廓即可（图3-19）。

图 3-19

（四）柳树与竹科植物

1. 柳树的表现

柳树形体多呈弧形，树枝下垂，树身枝干多姿多态，生长在湖畔河边，微风拂岸，枝叶依依摇荡。初春时，柳枝含苞，色彩鹅黄，春意无穷。至暮春，柳枝才茂密浓重，浓绿成荫。柳树由于树龄的变化，从幼树到老树，树的体态各异，描写起来相对复杂。

柳树由树干而添枝叶，树枝纤细柔软，数目众多，树叶铺排形成树冠。绘制时需抓住其主要形态，将它大致概括为球体、覆盖的半球体或竖立的圆锥体。手绘形式很多，可用小圈或点或小短线段表现柳树叶片，依附在树枝上。枝条简练下垂，铺排的树叶要注意明暗概括，上部明，下部暗，迎光面亮，背光面暗，里层枝叶最暗。树干根部往往被叶丛遮挡，漏出的部分较短，需要表现其阴影投影，树干上可见明显纹理，可用组合弧线表现树干的立体感（图 3-20）。

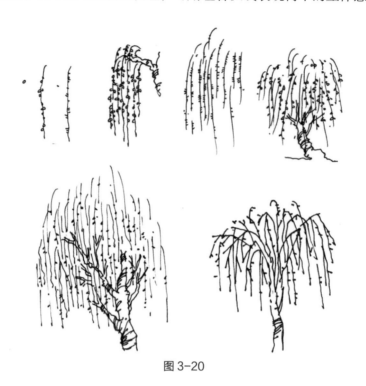

图 3-20

2. 竹科植物的表现

竹子因其独特的"气节"被人们喜爱，常被应用于景观设计中，尤其在中式园林设计中得以重用。竹叶细长，小且多，为此要高度概括，以一当十，以一当百，多用"五角星"线表现；其干细长，相对笔直，有节，双线表现树干主体，自然分节、分段。整体表现时，注意将竹子的叶片成丛成片处理，凸显成团叶片的体积感。细节刻画时，考虑叶片成团、成组时的自然状态，在整体树形的掌控下，每块组团面积上可大小不一，造型多变，否则雷同呆板。竹科植物质感表现上，注意成团叶片的蓬松感、竹干的挺拔感、干上有节的细节特征（图 3-21）。

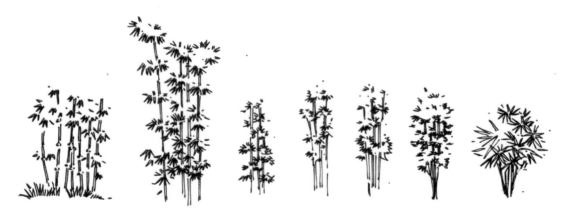

图 3-21

(五) 仿真型乔木与图案型

乔木在景观手绘设计中因表现目的不同，画法上也会有差异，常有仿真型与图案型 2 种手绘方法。仿真型乔木追求表现技巧与画面效果，常受学生青睐；图案型乔木在景观手绘中多用于设计交流、考试、面试等限时的重要时刻，因此图案型表现技法更应该被重视。

1. 仿真型乔木

仿真型乔木常用于常规的景观设计效果图表现，为了画面的真实感或是整体性，追求植物自然真实的生长状态。仿真型乔木，自然仿真，把握各植物的基本特征，高度概括植物的外轮廓，注意植物枝、叶等结构细节变化。其表现相对图案型乔木略显复杂，需要一定的造型基础，不具备绘画基础的同学，画时可先用 2H 铅笔在图纸上先勾轮廓，再用签字笔细化，但想将其练得画时即用，得心应手，就要做到生活中多观察植物生长及多样特征并做好坚持不断练习的准备（图 3-22）。

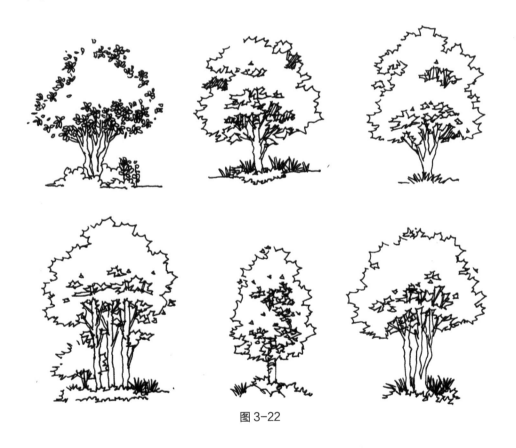

图 3-22

2. 图案型乔木

在景观快速表现中，为了将设计想法快速地表达出来，在表现过程中可省略细部描绘，只突出轮廓特征，将其基本属性表达出来即可。

利用简约有效的图形、图案及点、线概括表现，明暗面表达上，暗面可利用流畅的排线去区分明暗、体块关系。图案型乔木表现的重难点在于，对乔木的外形及比例把握一定要精准而概括（图3-23-1、图3-23-2）。

图3-23-1

图 3-23-2

三、地被植物

地被植物种类繁多，形态各异，多是低矮、爬蔓的草本植物，其高度不超过 15~30cm，成片交错生长，叶片参差不齐，层叠复杂，处理起来有一定难度。

（一）草本植物单体画法

草本植物单体的细节表现多出现在效果图前景内。练习时，首先要了解草本植物的基本属性和自然生长特性，单个叶片的重量感与垂坠感造就的不同形体状态，叶片处理上不可雷同，尤其是叶片的中线茎处理，不可都处于叶子的正中间位置，随着叶片的角度及透视关系不同灵活调动，如此才能表达出植物的生长自然特性。建议在练习初期增添叶片角度旋转练习，利用茎线分割左右叶片的面积达到叶片旋转效果（图 3-24、图 3-25）。

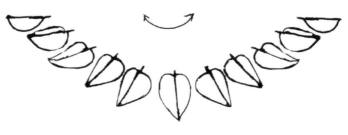

图 3-24

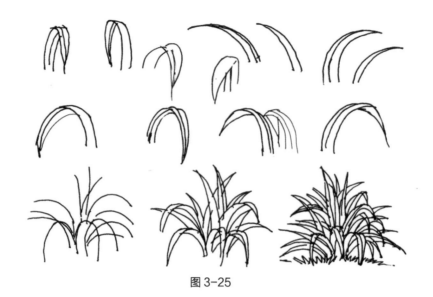

图 3-25

（二）草地

草地景观元素在表现上多是成片组合形式出现，为了凸显草地独特的质感与蓬松感，绘制时可先定好外形轮廓，而后用凸凹线条或是小短线围合边界而成。在表达明暗关系时，注意区分受光面和背光面，受光面的线条可适度稀松，背光面相对密实紧凑，在把握整体性的情况下用点、小碎线、面刻画明暗交界线、反光、投影面之间的层次关系，切忌"碎"与"花"。草地过渡空白处用点、小碎线既可增添质感也能缓和整体关系（图 3-26）。

图 3-26

四、花卉植物

手绘花卉植物时注意花卉、花朵及叶片的多样性表达，绘制前要了解其真实结构，抓住植物特点提炼刻画，尤其是注意叶片、花瓣之间的前后遮挡关系，控制线条的柔韧度，体现植物的软质感，把握多叶片之间的疏密关系及阴影投影关系（图 3-27）。

图 3-27

五、水生植物

水生植物分沉水植物、浮水植物、挺水植物。景观设计手绘表现中多为表现浮水植物与挺水植物 2 种。

（一）浮水植物

浮水植物如莲花，荷叶叶片大，边缘圆润，茎多、细但直挺，且因支撑叶片具有一定垂坠感，叶片造型多样。成丛生长的浮水植物，绘制时注意植物结构前后多层次变化，莲花根茎相对荷叶略高一些，根茎挺拔，可表现花开与花苞等不同形态。除了掌握植物的基本特征以外，还要注意其在水中的倒影形态，可利用精炼的水纹线反映倒影，线条轻松，倒影离主体越远其线越虚（图 3-28）。

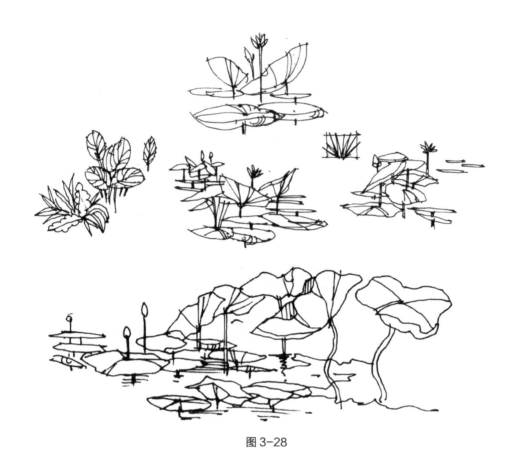

图 3-28

（二）挺水植物

挺水植物如水葱、芦苇、菖蒲、水芋等，叶片或根茎挺立于水面之上（图 3-29），叶片有单一细长的，有肥大多变的，该类植物成景多丛、片生长，根茎及叶片叠加，因此表现时容易凌乱。组合练习时注意成丛、组的疏密关系，把握各单叶片的细节描写，如叶片偏向角度及茎、叶细节，掌握根茎与叶片前后遮挡关系及明、暗面体积感的表现，如浮水植物，同样也要注意倒影问题，尤其是植物与水体连接部分，用较为细密的线条反映投影、倒影关系（图 3-30）。

图 3-29

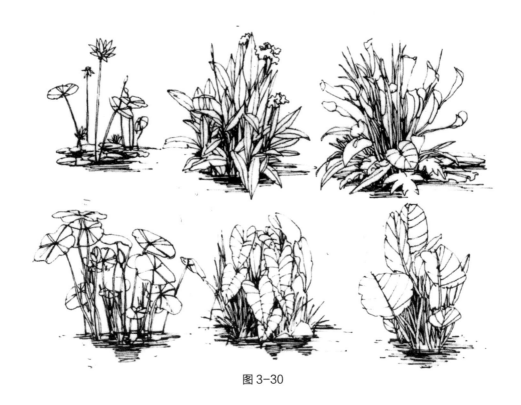

图 3-30

六、植物景观组合

植物景观设计表现中形式是多样的，从单棵到成群都可成景，在景观设计表达应用阶段多是植物景观组合练习。组景练习时，需要具备一定的植物单体表达基础及一定的植物设计搭配尝试，把握植物的多样性，不同植物在同一空间或场景内的不同表达，同种属性植物在同幅效果图中因透视原因差异表达，注意疏密关系的构架，透视表达上可分近景、中景、远景进行练习（图 3-31）。

图 3-31

上图是由树池、花坛、绿篱等组合而成的景观效果图，绘制时注意图中乔木与组合灌木之间在形状大小、高低及轮廓上的不同表现，以及中心乔木单体与休息池之间的尺寸、比例关系，其中如果具备桌椅功能的树池，其高度不得低于 45cm（图 3-31）。

图 3-32

图 3-32 重点是表达由木栈道串联下远、中、近景不同层次的植物组合画法，注意把握植物的生长特性，利用前景植物勾勒自然的画面图框，把握中景植物的细节及强烈的体积关系，注意背景植物的"小"及简单外形所产生的后退感。

图 3-33

图 3-33 练习时首先要学习棕榈植物在近、中、远不同层次下的差异表达，近处棕榈树细节表现较多，中、远处高度概括表达基本特征即可。除此之外，还要注意不同乔木之间外形轮廓的刻画与各样轮廓线的练习。

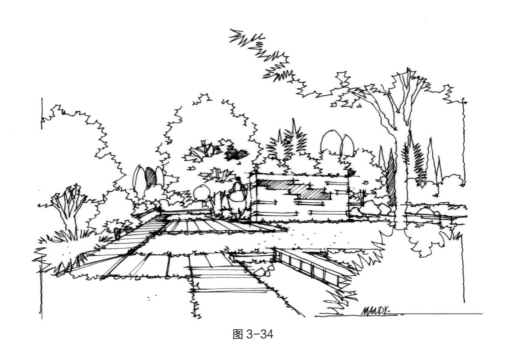

图 3-34

　　图 3-34 练习时着重把握草地轮廓线及草地、草坪质感的练习。灵活的植物线配合较好疏密关系的点既简单又自然地突出草地的体块面积及质感。除此之外，还要注意近景植物的图框支撑作用、中间植物的完整性、远景植物轮廓图案化，如此能体现画面的虚实关系。

图 3-35

　　图 3-35 练习时重点掌握草地坡面表达，利用线条疏密关系表达坡上、坡下的高差感及起伏感。构图上，利用植物体量关系及植物样式平衡画面，利用熟练且自然的植物线条勾勒植物的外形轮廓，背光面统一排线方向表达植物的体积关系。

图 3-36

第二节　石景观元素效果图表现技法

一、石景画法重点

石是园林构景的重要素材，石头的种类很多，中国园林常用的石头有太湖石、黄石、青石、石笋、花岗岩等，在景观设计中既可以单置成景，也可以与水、植物或其他景观元素群置组合成景。

中国画的山石表现方法能充分表现出山石的结构，纹理特点。中国画"石分三面"是将石头的左、右、上三个部分表现出来，这样就有体感了，然后再考虑石头的转折、凹凸、厚薄、高矮、虚实等等，下笔有劲适当地顿挫曲折，所谓下笔便是凹凸之形。在自然特征下，注意其多角度的穿插感及碎裂、断面关系的塑造；在体积关系上，注意黑、白、灰色调的综合把握（图3-37、图3-38）。

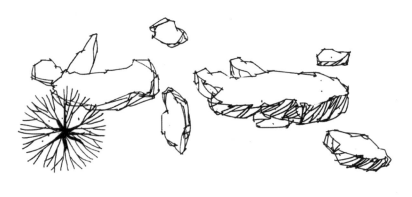

平面图　　　　　　　　　　　　　　　效果图

图 3-37

图 3-38

二、单石画法步骤

石头的造型、质感表现相当复杂，手绘石头时，根据以下六步步骤练习即可，注意每一步骤的侧重点，第三、第四个步骤难度较大，注意暗面疏密关系的组织。生活中多观察石头的自然形态，多速写，日积月累自然画的又快又好。

第一步，勾勒石的轮廓，勾画过程中注意石的多角特性，注意线条的穿插感，交叉节点可以体现出石头的坚硬感及力量感（图3-39）。

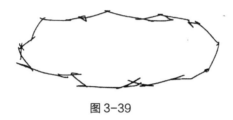

图3-39

第二步，定好石头轮廓后，区分明暗关系，根据石的受、背光关系在轮廓上分出受光面与背光面，常规情况下受光面大于背光面，明暗交界线直曲凸凹来回多变，不可呆板僵硬（图3-40）。

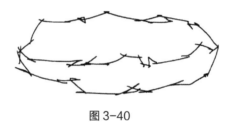

图3-40

第三步，细分暗面，将背光面细分出灰面、明暗交界线与反光区域三块细面。表现上多用疏密组合线条排线的方式表现其深浅层次关系，排线方向应与石块的纹理、明暗光线一致。明暗交界线的地方最密实，其次是灰面，再是反光区域（图3-41）。

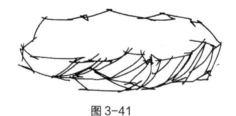

图3-41

第四步，石身暗面投影刻画，石的多面特性决定了暗面有多处阴影投影面，绘制时注意画面的整体性，成组表现疏密关系，不要抓住一块投影面死图黑，用线的密实度去区分暗面的色调关系，简易、自然（图3-42）。

图 3-42

第五步，利用点、碎线、碎面等形式缓和和过渡黑白灰色块，应用点时注意疏密关系，切记不可满屏打点（图 3-43）。

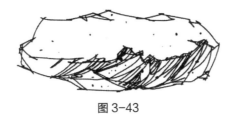

图 3-43

第六步，绘制石头的阴影投影，为了增添石块的立体感，可先将石头的投影面外轮廓确定，然后用排线的方式表达石块投影的深浅关系，离投影本体越近投影色调越深，离投影本体越远则投影面色调越浅（图 3-44）。

图 3-44

可根据以上步骤结合以下石块单体图例进行基础练习（图 3-45-1、图 3-45-2）。

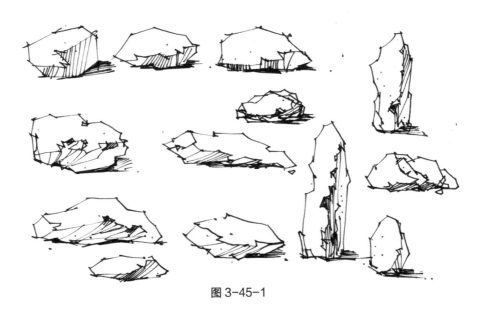

图 3-45-1

图 3-45-2

三、石景组合画法

石景组合，多是与植物搭配，在掌握了单体手绘植物和石头的基础后，可进行组合练习，如将石元素置于草地之上，或置于乔木、灌木身边。绘制时，首先把握石与石之间的大小、疏密关系，再注意各景观元素的质感表现。例如，植物的"柔"、石头的"硬"，常体现在线条下笔的力度及线形组织与组合上（图 3-46 至图 3-49）。

图 3-46   图 3-47

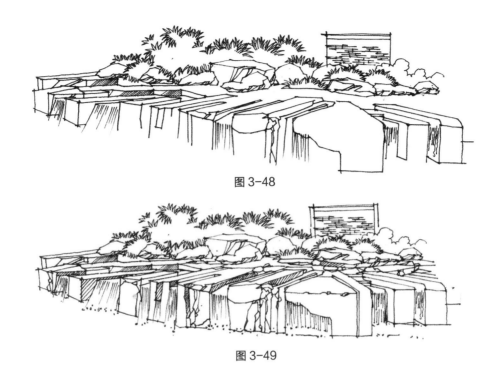

图 3-48

图 3-49

四、石景组合练习图库

　　课后练习时可多临摹优质的景观置石设计或是经典的石景照片，在练习手绘的同时也可顺便学习一下景观置石方法（图 3-50）。可参考图库中石的组合进行临摹练习（图 3-51-1、图 3-51-2）。

图 3-50

图 3-51-1

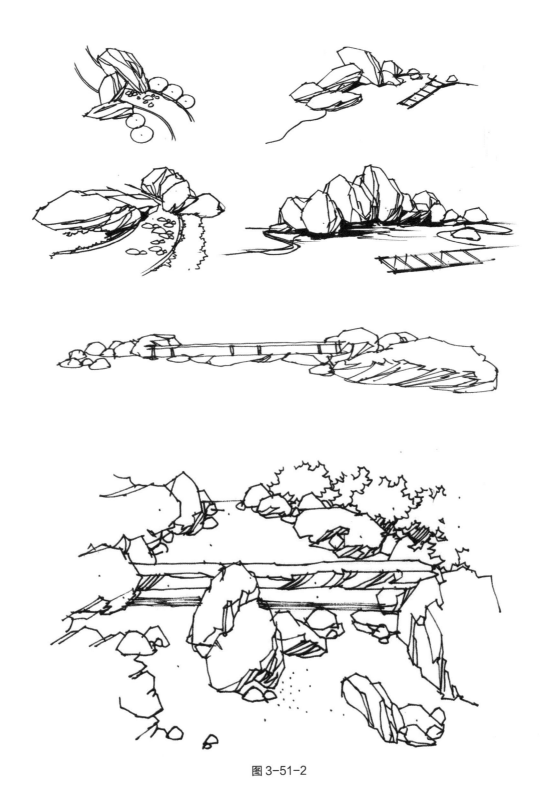

图 3-51-2

五、石质路画法

　　景观设计中石质道路较为常见，石质路种类较多如碎石、裂纹石、条石、块石铺装及石板
路等。画时首先要把握道路的基本透视，明确"近大远小、近实远虚、近宽远扁"等透视要点，

多数学生能把握前两个基本特征，往往忽视"近宽远扁"的透视要点，近处的石块相较远处要立体且宽大一些，不只是要注意平面还要注意高度的表达，同样要遵循透视原理。避免道路呆板，可利用地被植物或打点的方式自然过渡路面的参差关系，还可增添趣味感，除了刻画本身外，也可通过道路两边的绿篱景观或是植物景观做夹景，丰富道路景观形式（图3-52）。

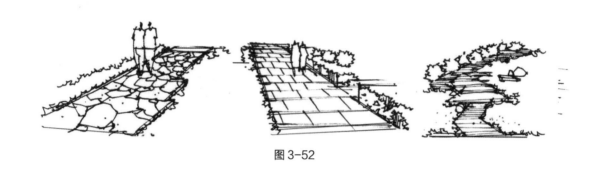

图3-52

表现石板路时，根据透视关系把握每块石板的分割线的定位，多用双线表达分割线，体现其厚度（质感），具体操作上离视点越近其双线越长且越宽，否则相反。

石质道路综合表现上还可通过单石进行道路艺术装饰表现，也可通过打点的方式体现道路的颗粒感与粗糙质感（图3-53、图3-54）。

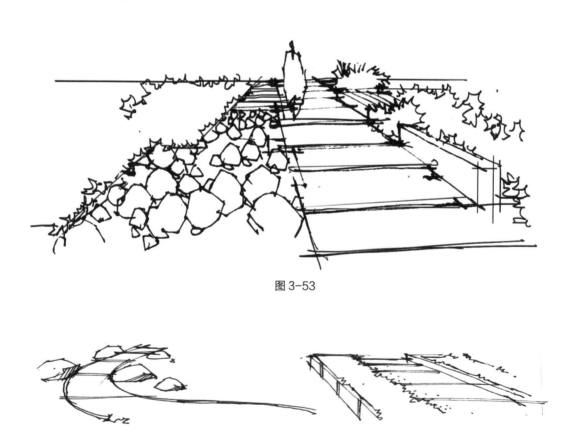

图3-53

图3-54

第三节　水景观元素效果图表现技法

一、水景画法要点

水是流动、透明、无形的，需要载体容纳。水景给人以一种平面、深远的感觉，智者乐水，景观设计中，水景最为人们青睐。

水景是园林景观表现的重要部分，利用水的特质，水的流动性贯穿整个空间，水体的表现主要是指水面的表现。水有静态、动态之分，静态水是无形的，如池塘、江、河、湖、海等水景。在表现时通过线条的组合表现水面的远近水色、质感关系，利用短、长、曲、直线条间的细微变化，对表现水面的平远和空间深度起到重要作用。水的静态是相对静止的，在外力作用下会产生水波纹，可以利用波形线条来表达，注意纹波动方向要一致，不可随意四散。

动态水具有一定的自上而下或自下而上的势能感，势能力量或强或弱，如瀑布、跌水、喷泉、溪涧等水景。表达时用线条的长、短、疏、密关系表达水流的方向与力度，利用留白和高光体现出流水的透明质感，通过明暗关系表达出水面的反射与折射（图3-55、图3-56）。

图3-55

图 3-56

二、水纹表现

　　水纹表现中线条要根据水面的运动轨迹及波动大小做灵活变化。平静的水面，主要用横向的平衡笔法，融合处多用虚短线填补；浮动较大的水面，采用凹凸线的变化表达波浪水纹大小，重点把握水纹运动的轨迹，利用水纹流动线来表现水的跃动，注意运动方向要统一，水纹线四散则杂乱无章。除水波纹的运动纹理外，还需要注意天色对水色的影响而产生的水纹变化，如天上的云彩、霞光，都可以在水中倒映出来，倒影深的地方，画的水纹线相对密实紧凑（图 3-57）。

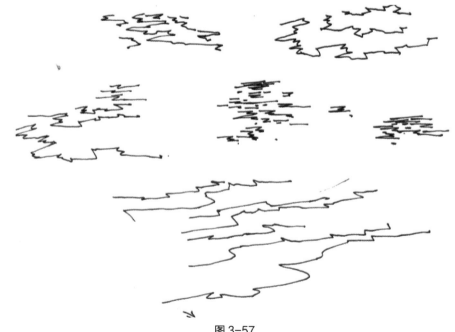

图 3-57

三、水景中倒影的表现

水中倒影，会增添景色的美感。它与实物既有联系又有区别，不同水面的倒影表现侧重点不同，静态的水面，倒影形象清晰；动态的水面，倒影破碎，形体拉长。在平静的水面上倒影的颜色深浅与实体颜色一致（图3-58）。

图 3-58

画倒影时，快速精炼的表达可选择自上而下的竖向笔法勾勒倒影轮廓，丰富倒影多是横、竖并用，横线长、短并用，竖线曲、直相间，在合理的倒影关系下控制好逐渐消失的渐变关系，倒影离实体越近，呈像效果、显现颜色、明暗对比越强，否则相反（图3-59）。

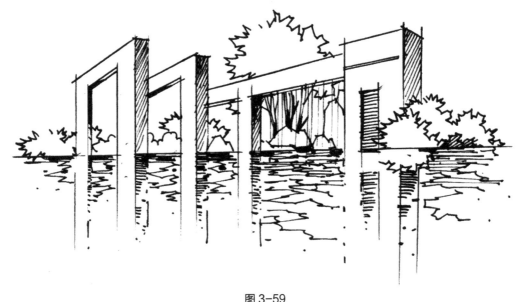

图 3-59

四、浅水景观画法

　　浅水景观是指水深不超过 0.6m 的水体景观，因其水浅，安全性高，施工难度低，资金投入少，视觉效果又丰富多变，是时下较为流行的景观水体素材。浅水景观造型多围合，需要精准的掌控围合造型的尺度关系及透视关系，浅水景观多是静态水景，像小池、浅塘类居多，需注意水体倒影的水纹表现（图 3-60）。

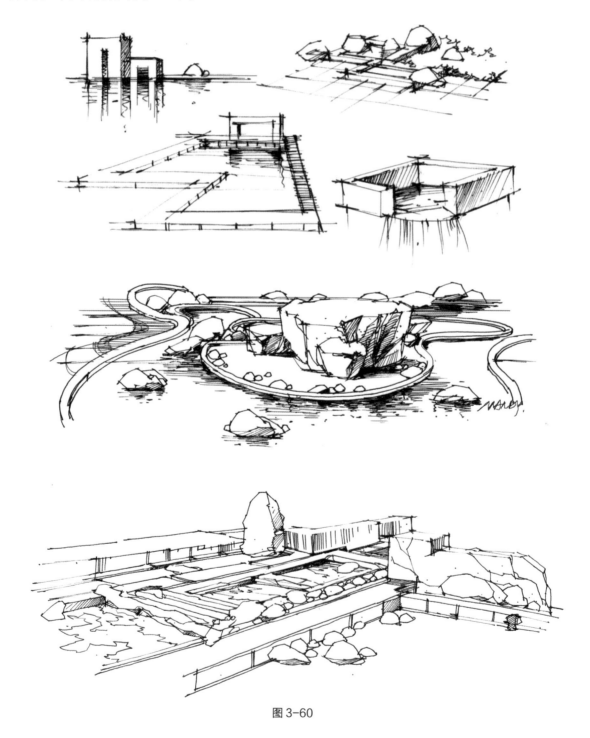

图 3-60

五、跌水景观画法

　　跌水景观是由水的下流特质落水而造成的水体景观形式，落水可是层叠的自然石块也可是充满人工痕迹的落差结构。整体表现时，重点注意落水水面、垂降方向、落水流速等问题的点、线、面、体组合关系下的表现。

（一）自然石跌水景观

　　自然石的跌水景观表现，首先要注意石头的堆叠、落差感，单石的体积感的表现是必要的，更要注意石块的成组表现，如石与石之间有大小对比、明暗面色调关系、线条组合之间的疏密关系等问题。落水动态表现方面，首先要注意水流的垂坠感的表达，多用顺着落水方向的垂直竖线表示水流截面，线条组织时竖线表达长、短不一，且具有一定疏密关系，留白面积大小、形体各异，切记不可死板不自然，落水线排布上不能像"挂晒面条"一样。水有清澈透明质感，尤其要把握水的高光、反光与反射、折射关系影响过后产生的水体质感问题，往往水流顶端要注意留白，有时还需要在落水底部与明暗交界面处画出飞溅的水珠、水滴，主要是为了表达跌水的真实及水流动态（图 3-61）。

图 3-61

临摹该图时，重点抓住石块的轮廓及体块特征，把控其疏密关系，注意水边条石驳岸的凸凹体块变化。水景表现方面用黑、白、灰的层次变化表现跌水景观的明暗关系，注意水纹线的方向保持一致，处理高光断线时，整体把握点、线、面的疏密关系（图3-62）。

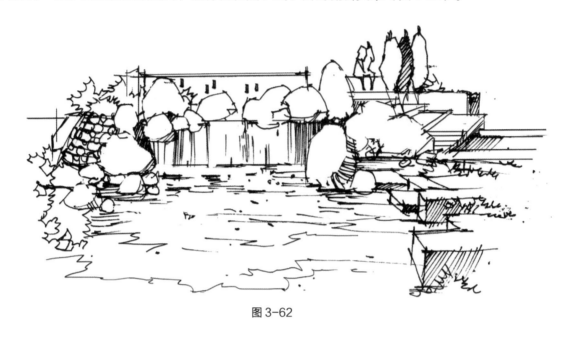

图3-62

人工溪涧景观，跌水高差小，水流较缓，水流方向明确，用短虚线条画出水流方向，水面需要考虑留白，近处的跌水有水花、水纹等细节，而后景的跌水景观表达相对精炼简洁，但也需要注意疏密关系的组织（图3-63）。

图3-63

别墅屋后浅池跌水，水流平缓，前景自然石堆叠高差，水从石缝中垂坠落下，水流方向明确，有飞溅的水滴、水花的细节表现，水景中部用两条方向统一的水纹线体现水面的律动感，远处的水面则留白简易后退处理（图3-64）。

图3-64

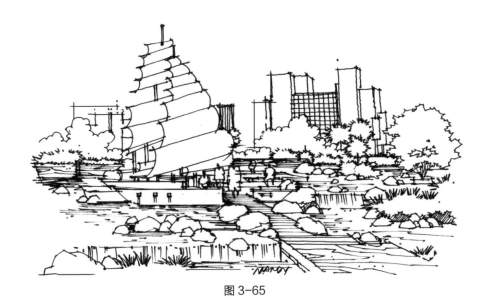

图3-65

（二）人工跌水景观

人工跌水景观是利用人为制造的落差结构的跌水景观，造型多变，材质多样，其景观样式具备良好的艺术观赏价值。绘制时，首先注意落差结构的形体感与体积感的表现，尤其是落差结构的面、体关系，而后在落差结构上进行跌水的基本表现即可达到表现效果（图3-66、图3-67）。

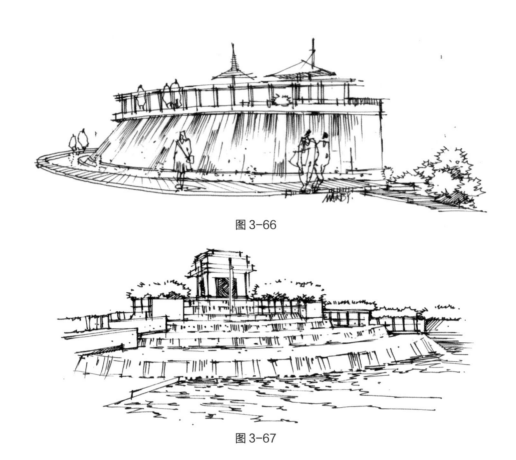

图 3-66

图 3-67

当景观为面积较大的自然石跌水景观，在整体透视准确的情况下把握水面上各个石头的聚散关系，跌水表现方面注意水纹线的组织及水中倒影的表现。如遇方正的几何浅池跌水景观，具有强烈的体块透视感。绘制时不要忽视浅水池外墙结构的厚度表现，区别表现水池面的静与跌水面的动之间的对比关系，为了突出画面效果，可适当夸张明暗、疏密关系（图 3-68）。

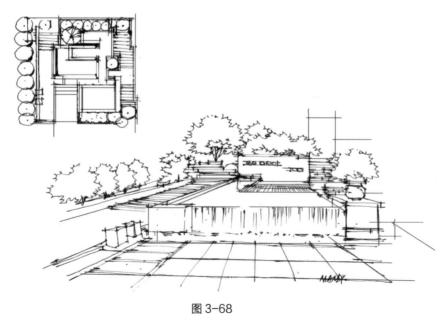

图 3-68

如遇到多层浅水池跌水景观，重点表现不同高度水流的效果差异，落水越高水流面越大，势能越强，水花飞溅感越强；较低落水面水花飞溅感相对较弱。同时需把控水流方向及水面倒影的表现，尤其是景墙的倒影，综合掌控线条的下笔力度、走向和疏密关系（图3-69）。

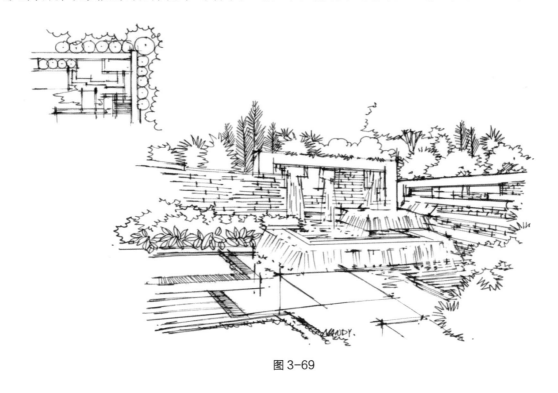

图3-69

下沉结构的多层深池跌水景观，首先要准确表现载水的下沉结构，依附下沉结构做落水面的处理；其次要合理组织水纹线，掌控水纹流动方向，线条疏密关系安排得当。落水线处理虚实自然，凸凹有度，注意留白，提高明暗对比等水质感的表达特征（图3-70）。

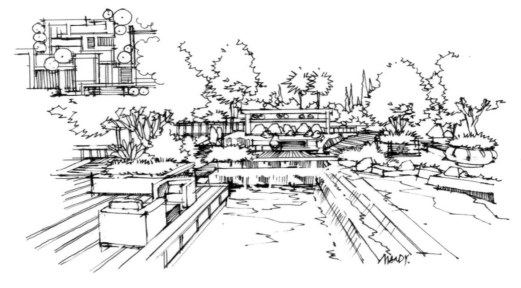

图3-70

　　水幕墙多层跌水浅池水景，注意掌握水幕墙、浅池跌水、浅池水景不同水景形式的表达要点，水幕墙上的水流线长且直，流线组织的疏密关系是重点；多层跌水注意多层跌水载体的透视关系及水流的高度与方向；浅池中，水纹线的疏密组织、水纹流向要保持一致是难点（图3-71）。造型稍复杂的浅池跌水，严格遵循两点透视关系，用排线手法表现浅池造型的明暗体块关系，把握跌水静与动的对比，浅池中的水可留白处理，届时可用马克笔表现水的材质，落水线高光处合理留白，综合点、线、面整体表现。

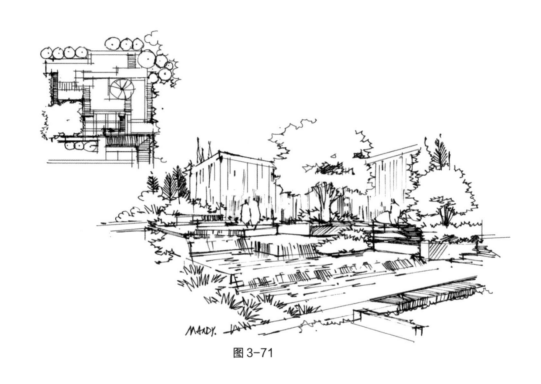

图3-71

图3-72

六、假山叠水景观画法

假山叠水景观是将大小巨石垒成山体模样，利用水泵造成高差叠水效果的综合景观形式。设计初衷是崇尚自然、模拟自然，但又具有人类设计的精炼美感，中国古典园林中应用颇多。

假山景观与普通石景还是有很大区别的，设计元素上虽然主体都是石，但从表现形式上看，一个却是"山"，一个是"石"。假山是将多个巨石高高低低、整整碎碎有设计有计划地堆叠成连绵起伏的山峰，山峰分主峰与次峰。主峰整齐而高大，主体多是大中型石块；次峰的石块相对低矮细碎，多是中小型自然石。

手绘表现时，主峰巨石多为竖向长方体、多层次大整石，连接处可为自然石堆垒，组织上注意石与石之间的大小、主次、疏密等关系，塑形时把握每个单独石块本身的体积感与质感的表达，同时注意整座假山的层次感与立体感的表达。普通石景利用石元素做简单的组合，无论从体量上还是规模上都小于假山，重点掌握每个石元素的细节及与周围环境的综合表现即可（图3-73-1、图3-73-2、图3-74）。

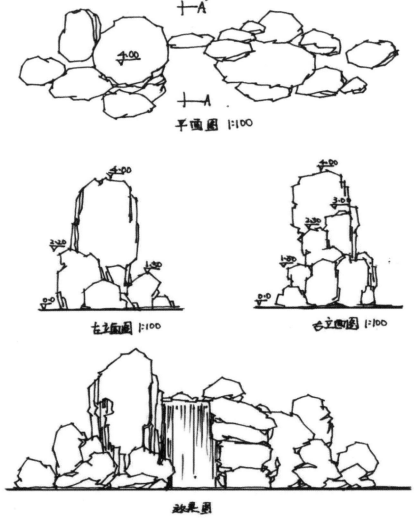

图 3-73-1

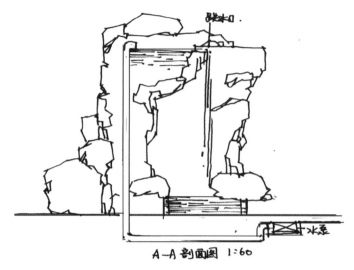

A—A 剖面图 1:60

图 3-73-2

图 3-74

假山山体表现相对复杂，选择体量较大石块组合分区分块处理，把握假山主峰、次峰石块大小、碎整、聚散、疏密等关系。下笔时，线条切忌繁冗复杂，准确把握石块外轮廓的情况下区别假山山体明暗面关系。跌水处理上，把握跌水出水口与落水立面水质感问题；综合表现上注意线与线之间灵活的长短变化；线条组织分布上，根据水体特征进行留白或加强明暗关系对比度的处理（图3-75）。

图3-75

假山山体的左右平衡及前后空间层次表现是绘制时的难点，在处理左右平衡关系时，不可歪斜或明显不稳，如图左边主峰略高，但为了画面平衡，在体量关系上右边主峰相对略窄一些。单独刻画时，把握山石多角、多面、多层叠的特点，线条组织上控制下笔节奏，暗面密实，亮面稀松。假山上石块的纹理竖线要与跌水的落水线要有明显区分，山体线向下多折弯拐，呈现自然的山体碎面，落水线向下笔直干脆，表达落水的方向及重力感（图3-76）。

图3-76

图3-77

中小型石块组成的小型假山，注意其组织形式的趣味性与巧合美感。如上图，左边假山主体的中心地位，细节描写上加强明暗面对比关系，把握石的独特外形，横、竖自然摆放，组织形式上不可千篇一律。整体把握上注意近景、远近的层次表达，构图上通过距离和体块体量关系平衡整个画面，如图右下角的石块有"正画"之用，不画或体量较小则整个画面都将难以均衡（图3-77）。

七、喷水景观画法

自然情况下，水都是顺流而下的，而喷水景观多是人工干预的结果，设计者利用不同的喷枪、喷头，不同的喷水方向、喷射力度与程序设定的快慢造成了多样的喷水景观效果，常见竖向喷水景观系列如喇叭花系列、菊花系列、涌聚系列等。

喷水景观表现时，首先要理解无论喷水景观喷射高度设计多高，喷射力一旦消失，喷水水体还是会自然落体，重点把握喷水水体轮廓的刻画和喷水终点与落点的重力感。外轮廓的塑造不难，通常情况下喷水体外轮廓形状多为上小下大，上轻下重，上窄下宽，如遇特殊造型，可先用铅笔塑形，然后用点和虚线围合喷水轮廓外形；表现重力感时，可在喷射顶部位置多做描写，顶部需要自然留白，同时加上有疏密关系的点、虚线、小短线、小圆圈来表达四散或飞溅的水珠，注意水珠的落体轨迹，尤其是在表现水珠四散飞溅效果时，水珠在体量、数量上相对喷射水体顶部都夸张很多；细节上，处理水珠与水面连接处注意阴影、投影的关系；为了表现喷水体的晶莹剔透的质感，高光位置可做留白处理，有些位置还需要通过高光笔涂抹；喷射水体暗面多用整齐的小线段，顺着喷射水体落水轨迹在保持一定的疏密关系的前提下进行灵活分布处理（图3-78至图3-80）。

喇叭花系列　　　　梅花系列　　　　涌聚系列

图3-78

图 3-79

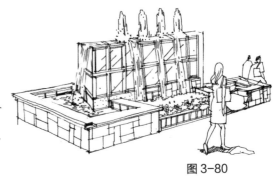

图 3-80

　　"倒扣碗"状的喷水体外形轮廓较为多见，可用铅笔轻轻地勾勒出大体的形态，把握下宽上窄的基本特征，注意落水弧线的表达。柱状喷水体，不论体量大小，形体上多是下粗上细的缓和渐变，喷水力越小，其体量越小，整体把握水珠、水花分布的自然疏密感。绘制时应依附水体垂落的抛物线轨迹，下笔力度轻柔，虚实多变（图 3-80）。

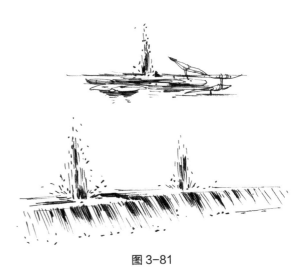

图 3-81

　　喷射射程短且力度大的喷水景观外形轮廓多呈三角锥形，用点、短线、断线表达其虚实关系，同时根据喷射水体的明暗关系围合水景轮廓，用小圈大小表现落水水滴、水珠（图 3-81）。

　　欧式的喷泉跌水与一般的喷水景观不同在于喷水载体的结构上，手绘表达时注意其细节描写，其他喷水落水可参考常规喷水景观画法表现（图 3-82）。

图 3-82

多个固定轨迹喷水景观，重点把握同一喷水景观在透视效果下所产生的不同层次变化。如图所示，在同一轨迹下的3条喷水景观，由近及远的画面效果都不相同，近处的喷水体详实，落水面破坏力强，对水面影响大，水珠飞溅感强烈，水纹涟漪扩散感面积大；中间的喷水体清晰，落水面破坏力相对较小，可见些许水珠飞溅；远处只见喷水体轮廓，落水面破坏力小，对水面影响弱，未见明显水滴、水珠飞溅（图3-83）。

图3-83

多样混合型喷水景观，把握多样喷水景观的特点，综合把握各喷水结构对水面的影响。如图3-84有多个定向轨迹喷水景观、小蒙古包喷水景观和花式喷水景观。多个定向轨迹喷水景观在一点透视的状态下，重点把握四个定向喷水口及喷水轨迹关系；喷射低矮且力度不强的喷头会造成这种小蒙古包喷泉，呈现半"鹅蛋"状，可利用点、短线围合轮廓，注意落水面飞溅水滴较少，落水面影响较小，注意倒影涟漪的表现；花式喷泉，喷水体造型强烈，具有观赏价值，喷射面较大，水面破坏性大，会泛起流动水纹，保持水纹流动方向一致，细节上可利用喷水体下木板密集的材质线来塑造喷水体外轮廓，利用喷水体的明暗关系及疏密关系塑造其体积感。

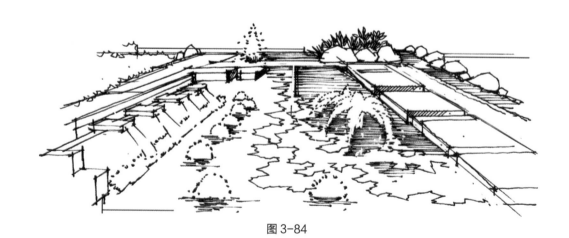

图3-84

第四节 景观建筑元素效果图表现技法

一、景观建筑元素画法要点

景观建筑指的是建造在园林和城市绿化地段内供人们游憩或观赏用的建筑物，常见的有亭、榭、廊、阁、轩、楼、台、舫、厅堂等建筑物。体量一般不会太大，外形上一般都是屋顶大、屋角翘、屋身小，材质上多为木、瓦、石常用材质，造型多变，形式感强，既具备功能作用还具有观赏价值。

景观建筑物的手绘难点在于把握准确的透视关系，正确地表现出各个建筑物的形体特征。手绘表现时要着眼于景观建筑的整体性，不局限于门窗、瓦墙等局部特征。除了表现建筑造型外，还要突出建筑的稳定感和庄重感，形体上不能太过平板轻薄，可以利用垂直、平行、斜线、曲线等不同样式的线条绘制景观建筑物主体，重点把握建筑的体、面关系。

当下景观建筑体量多有亭、廊、花架、墙、柱等，其中亭的表现最有难度。

二、景亭画法

景亭，是景观设计中最常见的一种传统建筑，多建于园林、佛寺、庙宇等地。造型样式上有顶无墙，由柱子支撑的建筑结构。亭顶造型复杂，精彩别致，顶内、顶外表现细节较多，支撑结构底和顶部相对复杂，中部注意体块关系的把握。亭内设美人靠或座椅板凳供人休息、休憩，其结构、透视上处理也非常复杂，透视的准确至关重要（图3-85）。

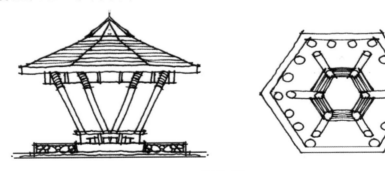

图3-85

（一）亭的透视与角度

在景观效果图中，同一个亭子由于位置、透视角度的不同，表现出来的形态特征也不同，画亭前锁定所需透视与角度关系，根据亭的长、宽、高尺寸及比例关系勾勒出一个大致的方体关系，在简单、准确的方体体块透视下描写亭子，更易入手（图3-86）。

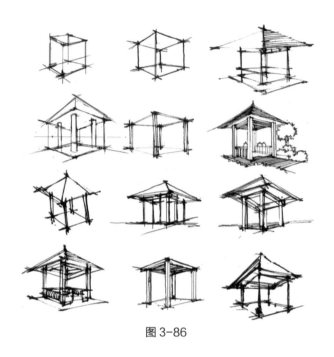

图3-86

人视效果表现亭景时，为了体现亭子的挺立感，多夸张处理，降低视高，略微仰视效果，该透视下亭的立柱结构清晰，可以看到部分亭顶的内面结构。鸟瞰角度下，亭顶部结构表现较多，立柱支撑则被亭顶遮挡部分，视觉上亭柱较短，离视线最远的一根立柱可能被完全遮挡（图3-87）。

图3-87

（二）景亭单体画法

景亭单体在确定大体的透视大关系及角度后，难点最大的是亭顶，其次是柱、亭基座、栏杆、椅靠、台阶等结构。亭顶结构复杂，透视难度大，尤其是亭的四个翘角的刻画，中式景亭尤为难处理，飞檐、翘角、装饰结构层次多结构复杂，绘制时可先用三角椎体框出亭顶部的大致结构，然后在简单的三角椎体透视下进行细节刻画；亭柱多方、圆2种，难点在于柱头装饰结构的细节刻画，如装饰镂空结构、彩绘图案等，且柱底比柱身面积要大一些，材质往往与柱身不同，在形体勾勒准确的情况下注意对材质进行细节描写；亭子的基座、栏杆、椅靠、台阶等相对前面两个结构简单很多，主要依附长方体透视关系下进行细微变化即可（图3-88）。

图3-88

不同地域风格的亭子其特点或多或少不同，如中西风格。中式多挑檐翘脚，又有南北风格差异，北方亭大气奢华，南方小巧多变；西式多穹顶，形式感强，结构对称稳定，装饰细节相对简单（图 3-89）。

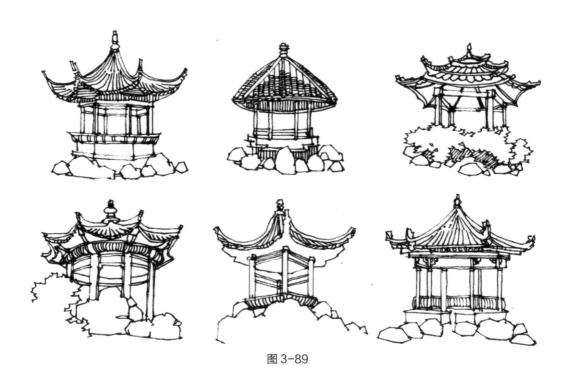

图 3-89

不管是什么风格造型，先去繁化简，以简单的几何体表现亭子结构的大体关系和确定透视表现，在细节刻画方面要抓大放小，抓住亭子关键特征进行重点表现。在景观效果图中亭子占纸张面积不会太大，练习时细节效果可不必过于苛责，抓重点、特点部位把握为主（图 3-90）。

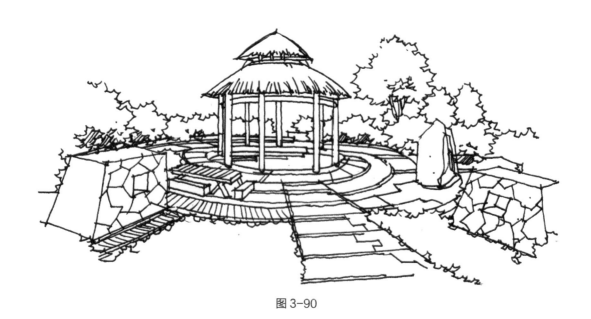

图 3-90

（三）亭的组合景观

在景观效果图中亭元素作为视线中心时，其位置放在画面的正中心的位置则画面容易呆板，离中心较近偏左、偏右均可，但要清楚地交代亭子的结构。练习此类图时把握仰视下亭顶内面结构的刻画，根据受光环境变化进行明暗面的细节描写。常规情况下其顶部结构内面本应该是暗面，但为了与顶部外面结构形成一定虚实关系的对比，手绘时做留白处理。就整个效果图而言，注意亭、人、植物、建筑元素的尺寸及比例关系的表达（图3-91、图3-92）。

图 3-91

图 3-92

在景观效果图中亭元素作为远景时其结构细节不必刻画过多，在准确的透视、尺寸、比例关系下突出亭子整体轮廓即可。图中远处有一组双亭组合景观，风格为现代方亭，结构清晰简单，亭顶四边有突出结构，木材质多横纹，利用不同疏密关系的横纹表现明暗面，拉开整体黑、白、灰色调关系（图3-92）。

效果图中如果出现多个亭子的表达时，要注意在透视环境下不同层次、不同细节的刻画。如上图中有三个风格、体量类似的亭子，在透视关系下近实远虚，近处的亭子结构清晰，亭顶镂空细节表现突出，亭柱支撑结构交代清楚，结构稳定扎实，视线焦点集中于此；中间层次的亭子顶部有些许装饰线条装饰，支撑结构有所交代；最远处亭子用简单的笔画勾勒其轮廓。这样，整图中心突出，远近关系清晰明了，空间表现深远，透视感强（图3-93）。

图3-93

三、廊架画法

廊架可应用于多种类型的园林绿地景观，具有遮荫休憩功能，可独立成景，也可与亭、廊、水榭、植物等景观元素结合成景。其材质上，多是木材搭架而成，陈列有序，扎实延续，搭配藤蔓或挂式蔬果彰显别样风情，也可与石、砖、透明材质混搭而成，风格多样，形态各异，结构稳定，艺术感强。

（一）廊架透视与角度

廊架刻画多用仰视来凸显廊架的挺拔感，廊架整体轮廓多像一个长方体体块。初画时可用铅笔勾勒出一个长方体透视关系，然后利用二分之一等分法找出各支撑点的位置，保持支撑结构的垂直感。如是方形支撑柱，表现上保持"三线两面"去表现方柱，注意横竖交叉点的细节刻画，把握左右两排立柱的透视关系，透视中可能会出现遮挡关系；廊架的顶部有可能是藤蔓植物、透明玻璃或架空结构处理，手绘时在透视准确的前提下进行顶部细节描写，尤其注意各材质之间不同质感的表达（图 3-94）。

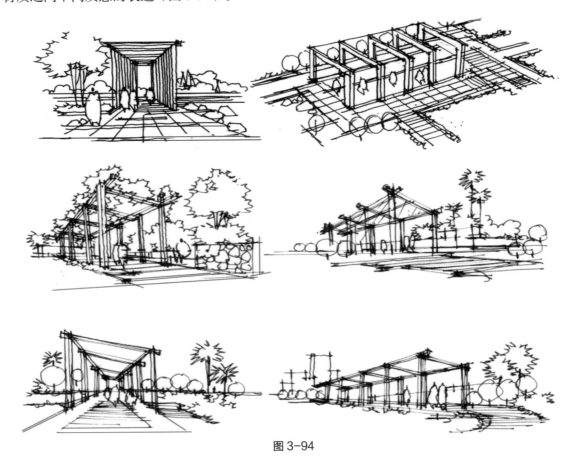

图 3-94

廊架景观有较强景深感、延续感。画时利用透视关系将空间距离关系表现出来，注意每一个单独结构的体积关系的表现，尤其是厚度关系。如廊架有连接结构，还需要将廊架的横向、纵向结构的交叉部位的体积关系表现出来。如支撑结构有造型变化，在透视准确的前提下进行细节刻画，尤其是廊架基座与地面连接部分的细节描写。

（二）单面廊架

单面廊架，重点要注意廊身平衡感的塑造，其支撑立柱相对双面廊架更粗实、稳重，廊架顶部造型多样，可直可曲，可疏可密。手绘上注意准确的透视关系，把握同一造型在透视下渐缓的细节变化，突出结构的体积感，加强黑、白、灰的体积色调关系。线条要扎实肯定，竖直线的把握是重点，如果画不直可利用直尺工具辅助画图，切记不可盲目徒手，不然结构容易歪掉。如果廊身有休息椅凳结构，注意在整体结构下进行椅凳结构细节的描写，如与廊架材质不同还需要注意材质的表达（图 3-95）。

图 3-95

(三)廊架组景画法

现代风格的景观廊架，设计极简，连续中透露着艺术感。首先保证廊架景观主体的透视关系准确，初学者可先用铅笔勾勒大体的透视关系，如图 3-96 可先画出方体透视效果；然后重点把握四个独廊架结构的自身体积关系，尤其是厚度的把握，利用排线和留白的方式拉开明暗面关系；前面的结构将会遮挡后面的结构，铅笔起初稿后从前往后画，省时省力。该图形态感、空间感强、结构稳定且画法简单，可用作快题考试效果图。

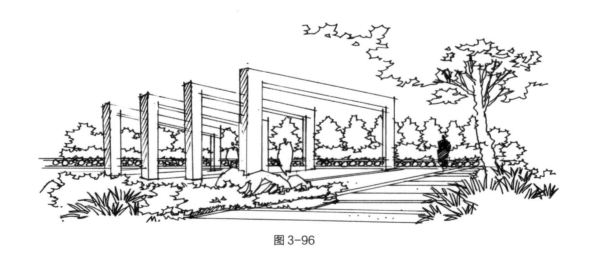

图 3-96

带植物景观的木质廊架，着重注意廊架结构及植物材质两方面。手绘表现时，准确掌控廊架的透视关系，准确定位六廊架立柱，以及每个支撑柱面与面之间近大远小、近宽远扁的透视关系，细节表现花架顶部与立柱的连接处；架上的植物，藤蔓植物较多，用植物线围合植物的整体轮廓，突出其蓬松感、垂坠感与体积感；整图练习过程中，以人的尺度协调廊架高度之间的关系，图中廊架有休息座椅等附加结构，注意结构的细节表现；利用熟练的植物线表现不同的植物外轮廓，把握植物近、远景在手绘表现中的差别（图3-97）。

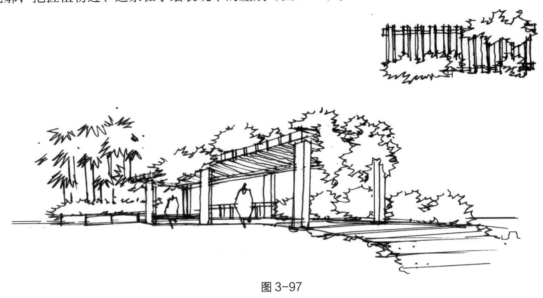

图3-97

空中廊架景观相对普通廊架景观，高耸且体量大，手绘时适当降低视高，利用仰视角度体现空中廊架的高耸。不管任何造型的空中走廊、廊架景观手绘表现上都要在准确的透视关系下表达。下笔果断扎实，若支持结构是垂直的，绘制时必须接近垂直，不可扭曲歪斜，这样才能有效地体现高空廊架的稳定感与安全感；支撑柱多方柱与圆柱，根据前文所提到的立柱表现作为参考；整体上把握图面的疏密关系，如图可利用后景台阶、地台表现的线条巧与前景道路形成巧妙的虚实关系对比，注意高空廊景观的结构的延续性与连续性，分层、分远景表达较好（图3-98）。

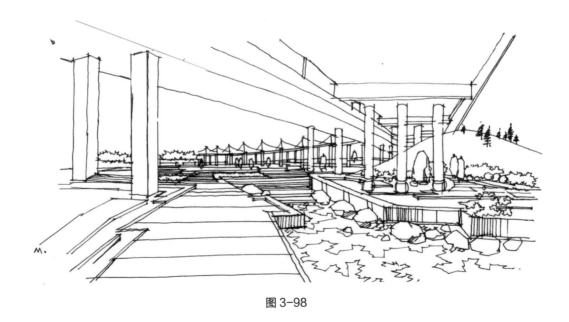

图3-98

四、景墙

景墙在景观设计中较常出现，功能因需而设，造型多样，材料丰富，表现形式不拘一格。景墙多是一面体结构，没有封闭的空间围合，在"档"与"漏"之间利用障景、漏景、借景等不同的形式进行设计，独立成景。墙元素兼具文化内涵及设计美感，如现流行的"文化墙"是一种简单直白的宣传方式。

（一）景墙单体画法

景墙多为方体，厚度根据长、宽比例不同尺度不一。下笔前，根据设计确定准确的尺寸关系，用铅笔浅浅地勾勒出景墙大体的外轮廓、体块关系、结构关系；墨线画稿时，注意墙身与墙基的塑造，墙身可能会出现漏门、漏窗等表现形式；若墙身有材质及纹理变化可结合前文提到的材质表现内容进行细节表现，形体结构上多用双线表现各装饰、破损、镂空等结构；若景墙为多层次的复合结构，在整体情况下自由加减，注意各结构之间的接合、断裂、凸凹关系（图3-99）。

图3-99

（二）墙景观的细化处理

设计师需要完全掌握景墙设计的创意、造型、材质、尺寸等具体情况，在理解设计信息的前提下进行手绘表现，其结果是最理想的。

文化主题性强的景墙造型相对复杂，利用多图案、多个设计元素综合体现，如小区景观墙、纪念园内的景墙，都有强有力的文化表现诉求，墙体表现上一般是墙体加文字、图案、符号，也可利用浮雕或阴、阳刻讲故事，还可用景观图形表达设计内涵。如图 3-100 中水幕墙景观的表现，山川河流的景观意向明显，手绘表现上在形体准确的情况下把握石板墙体上石纹、石缝的细节描写。或小区墙景观中玻璃、不锈钢等现代材料设计下的景墙，手绘表现上注重材质的细节描写。

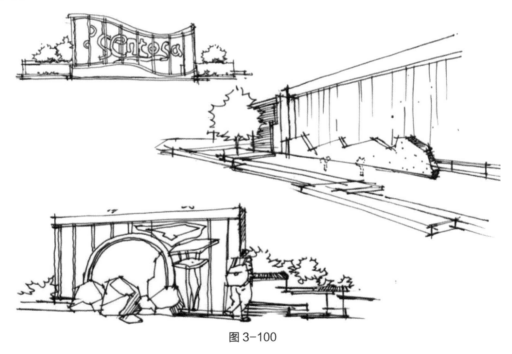

图 3-100

组合景观练习时，注意墙元素周边景观元素的表达，如植物、道路、水体或配景人物的表达，注意各景观元素之间的比例尺寸关系，真实准确的表达墙景观设计（图 3-101、图 3-102）。

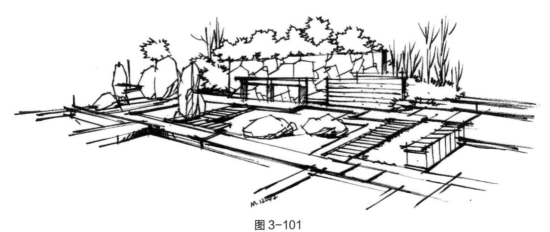

图 3-101

图 3-102

　　景墙的设计风格不同，其造型、样式、结构都不相同，如图 3-103 中景墙带有典型的徽派风格特点，主墙高耸有小孔窗，小斜坡顶细密瓦砾，顶、基部分可用线条装饰，墙身留白加些许装饰。现代风格，其造型多样，如墙体直、弯、曲等，墙身镂空、留窗、留门装饰等，曲线透视相对复杂，如俯视角度表现效果好其画起来更轻松。

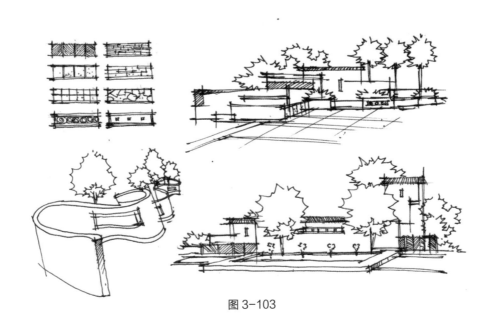

图 3-103

（三）墙组合景观表现

　　效果图中如出现了多个不同设计的景观墙体，手绘表现上首先注意各墙体之间的大小、尺寸、材质之间的差异关系，尤其是材质的细节表现是难点。如图 3-104 中毛石景墙的粗糙与极简白墙之间的疏密对比关系，毛石景墙上毛石肌理，用线多且密实，视觉上具有明显的吸睛效应，处理设计信息的表现外，密实的墙体还具有稳定平衡整个画面的作用。在空间上分近、中、远进行有层次、有分析的刻画，例如后景简白墙延伸部分墙体的轮廓化处理。

图 3-104

选择两点透视表现墙景观,相比一点透视表现效果会更加立体,两点透视会有两个设计面的表达,更多细节能被表现出来。如图 3-105,图中有 3 个不同造型的景观墙体,最近的墙体,墙身浮雕突出的装饰结构圆在透视的情况下变成椭圆,注意利用突出结构的厚度关系表现设计质感,手绘时,理解近处椭圆的宽度越往远处越扁的画图技巧。

景观墙具备一定的主题性及文化性,墙身会有各种图形、图案的设计,尤其是类似于浮雕的文化墙体,表达内容过多过细,表现上颇具难度,应分区块、分主次,有轻有重地表现装饰结构,切忌抓每一个细节表现(图 3-105)。

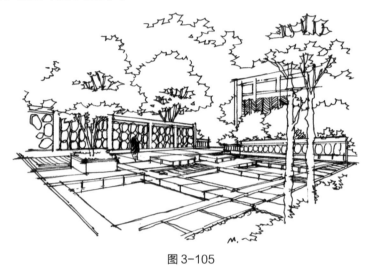

图 3-105

半围合墙体景观,可以围合出一个休息空间,利用两点透视能简单直白地将这一空间表现出来,用铅笔勾勒大体关系后,运用有透视关系变化的线条表现出墙面的装饰感,形成稳定、大气的装饰图案,图案上有节奏的点则是表达石材的肌理感。细节方面注意墙身有留门、留窗设计,利用墙后的植物、道路表达墙身留孔、挖洞的设计细节,不要忘记空洞厚度的把握(图3-106)。

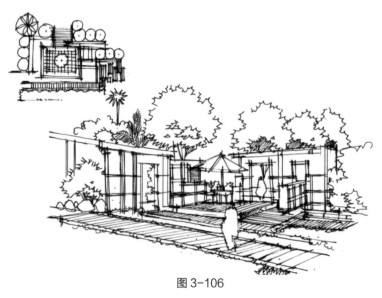

图 3-106

三面围合景墙可以围合成一个较为私密的休息空间，如图 3-107 所示，该设计想通过钢化玻璃的通透感将内外景物毫无阻隔地融为一体。手绘表现时，首先把握墙景的体块关系及空间的围合关系，该设计需要稳定的支撑结构，用双线或三线表达支撑结构的体块关系，鼓励用平行尺表现横竖线条，快速且表达效果好；材质表现方面条纹表达木材质，斜线表达钢化玻璃质感。

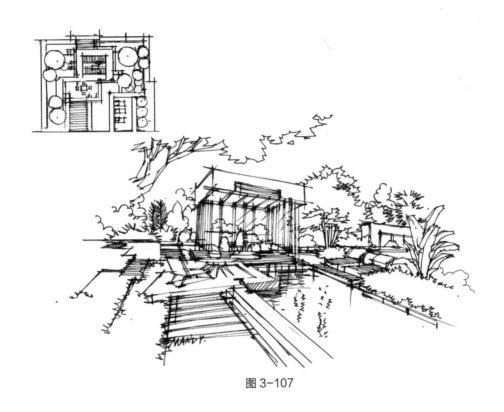

图 3-107

五、台阶与地台景观画法

（一）台阶

台阶手绘表现时，首先，要具备一定的设计理论知识。台阶设计，其踏步面宽度最少不得小于 23cm，高度不得低于 15cm，设计台阶数不得低于两阶；同时要足够熟悉台阶的细节，例如台阶高层多少、台阶层阶多少、台阶样式或周边装饰环境等；设计信息确定后开始手绘表现，用铅笔勾勒大体效果，注意透视关系，细节上注意每阶台阶结构的横截面与纵截面的刻画。

台阶多为石材，手绘表达时石纹、石缝的处理是很有必要的，也可用具有疏密关系的点表现石材的肌理纹理（图 3-108）。

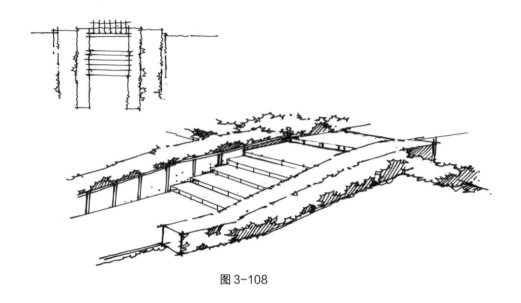

图 3-108

（二）地台

地台同样要遵循一定的尺寸规范，常规情况下地台的长度、宽度设计上局限性并不是很大，但是，如果该地台具有座椅功能，在高度上考虑人体工程学的需要，常规座椅高度最好不得低于 45cm。

地台景观单体设计形式上极为简单，但在一定的艺术美学设计手法处理下会产生丰富的视觉效应。如图 3-109，节奏韵律感下的错层地台，手绘表达上准确表达出地台的体块关系及细节特征，仔细处理不同高度差之间的错层关系。除此之外，各"台"的装饰结构及材质细节如有需要也要一并表现出来，如图用双线表达石缝结构。

垂直结构下的地台，其高度表示都是垂线，徒手表现时可用铅笔多做几条垂直当参考线，然后用签字笔参考着画直线。

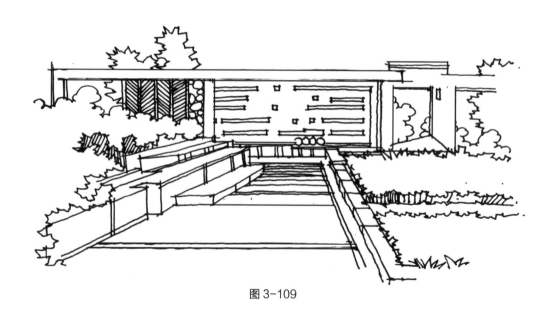

图 3-109

一点平行透视下，地台景观手绘表现时注意"横平、竖直、纵消失"的透视原则，方体透视相对简单，注意各方体平台之间的拼接加、减关系，透视关系准确的前提下进行细节描写，如地台材质的装饰线、图案、花纹等（图3-109）。

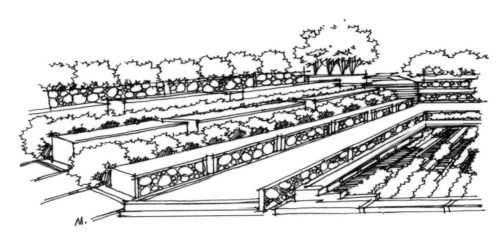

图3-110

多层阶式地台景观，把握有规律的结构落差感，有时地台间还夹杂其他别样景观设计元素，如图3-110地台间还夹杂着灌木元素，手绘表现时，抓住地台结构重点表现，其它弱化做配景，切记不可混作一团。为了表现疏密及明暗关系，通常地台受光面可不做肌理表现，留白预备后期上色处理，暗面需要通过密实的材质线现结构细节和拉开明暗关系。材质表达上注意毛石的图例表现，透视变化下注意"近大远小""近宽远扁"的透视原则，自然把握毛石的肌理特征，注意毛石面大小自然，不要统一大小。还有，多用双线表现地台边角的结构与质感。

广场上的地台景观占地面积大，相比之下其高度体现上显得低矮，如图3-111所示，图中地台长、宽尺度较大，高度低矮，设计有型，如折线造型下的地台景观，大气而有艺术感，手绘表达时透视是难点，可根据后文一点透视的平转剖的方法步骤解决透视问题。材质处理上，木纹材质由平行横条纹表示，注意条纹疏密关系的组织，整体上把握近大远小、近宽远扁的透视变化。

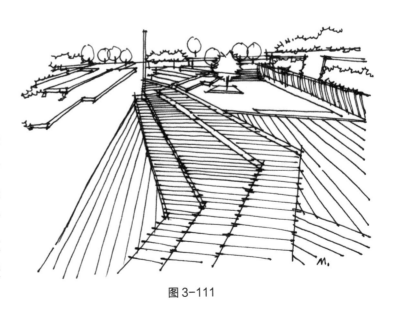

图3-111

六、景观张拉膜画法

　　景观张拉膜设计造型丰富多彩，精彩之处多在于结构清晰的受力艺术之美。手绘表现时，注意张拉膜的结构、造型、空间的围合等方面的重要特征，尤其是顶部造型结构，理解张拉膜结构是灵活的柔性结构，膜面通过张力达到整个景观拉膜体的平衡，因此微弧线的表达在这里是很有必要的。

　　张拉膜极具表现力与张力，顶部如同伞一般由曲直线构成，应注意拉模内外的造型层次、受光背光关系，背光面可用均衡的排线区分；支撑结构有柱、有绳子，平衡固定在地面上，手绘表现时，支撑结构细但多，注意组合疏密及力量关系的表达；张拉膜底部多呈圆、方结构，也可直接落地于广场铺装之上，手绘时注意地面铺装的透视及材质关系，如图3-112至图3-114所示圆的透视是椭圆，如遇台阶等结构在透视准确的情况下准确表达台阶、地台厚度的结构关系，画效果图时在完整表现张拉膜景观的设计属性后，可适当添加一些人物去表现张拉膜景观的空间感和生动感。

图3-112

图3-113

图 3-114

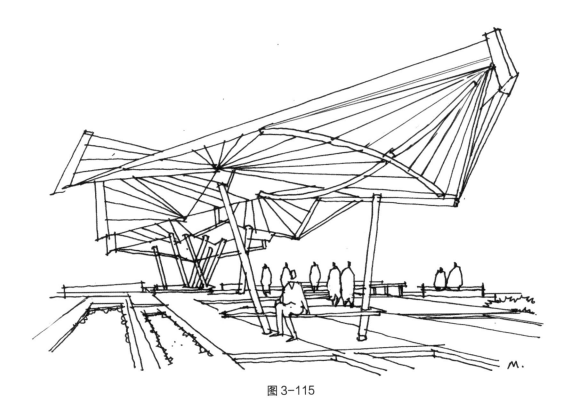

图 3-115

　　具有休憩功能的张拉膜景观，是整张效果图的重点、中心。手绘表现上，练习图为异形的张拉膜景观，透视上要求不高，但张拉膜顶部结构复杂，分清结构的内、外面进行细节刻画，外面多留白处理，内部多用聚点射线表达张力；支撑结构的结实感通过粗双线表现出来，近处立柱粗壮扎实，后景立柱细短一些；张拉膜地面多用材质线表达出来，但要具备合理的疏密关系，如图 3-115 所示，该图地面材质就不宜做较密的材质线，如若太密集则会与张拉膜背面混成一片，不能形成清晰的空间环境表达。

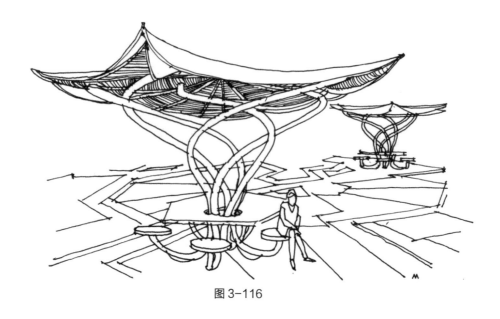

图 3-116

多个相同设计的张拉膜单体在效果图表现中要遵循透视变化规律,手绘表现时分远、中、近等层次整体表现,如图 3-116 所示,近处的亭子与远处的亭子有很大的透视差异,根据前文所讲透视要点进行细节表现;单体表现上,顶部外面留白,里面用密实线拉开拉膜结构的明暗关系;注意支撑结构的交织状态,以及前景、后景不同层次下两个张拉膜结构之间的遮挡关系;因设计及构图需要,张拉膜底部地面铺装有明显的聚拢效果,两拉膜间空旷位置设为聚点能很好地平衡、稳定画面。

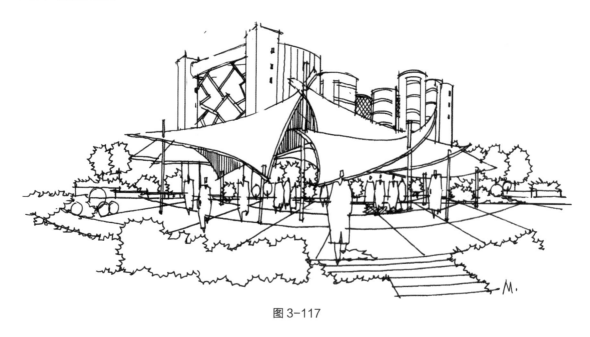

图 3-117

分片拼接张拉膜景观,在广场设计中多作为中心景观设计。手绘表现时,分片围合空间的形体塑造,下笔用弧线表现张拉膜顶部脊背;利用排线和留白的方式拉开张拉膜顶部受、背光之间的明暗关系;整体表现上可通过与人的组合表达烘托张拉膜景观的高耸挺立;地面表现上注意地面圆形拼花地砖的透视，圆的透视是椭圆，且越到远处其椭圆直径越短（图3-117）。

七、景观小品画法

景观小品可以是造型各异的雕塑或融合花卉植物的花钵、花箱，也可是室外座椅板凳、垃圾桶、路灯等基础服务设施。

雕塑往往体量不大，但是造型多变，雕塑手绘表现时，在整体表现的情况下把握细节描写，细节上注意其设计、造型、材质的刻画；形体上注意各形体间相互穿插时体积关系的表现，把握每一块造型体块的厚度关系，最好在准确的长、宽、高等尺度关系下进行设计表达；立体感塑造方面，通过留白及排线的疏密关系拉开受光面与背光面的明暗对比（图3-118至图3-125）。

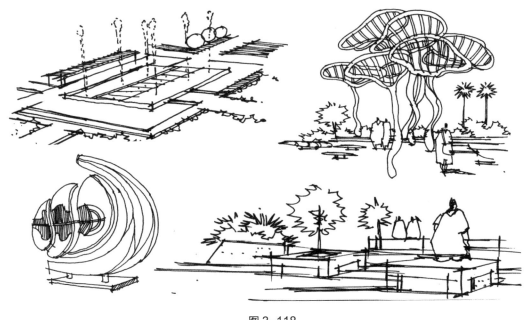

图 3-118

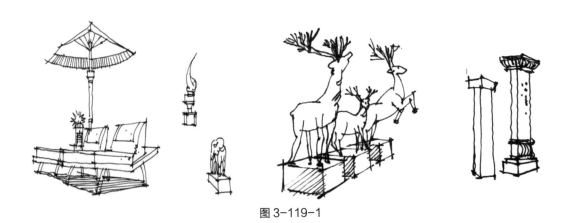

图 3-119-1

图 3-119-2

图 3-120-1

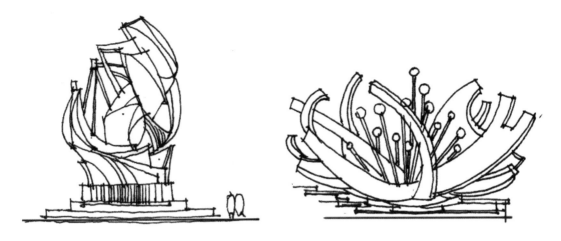

图 3-120-2

图 3-121-1

图 3-121-2

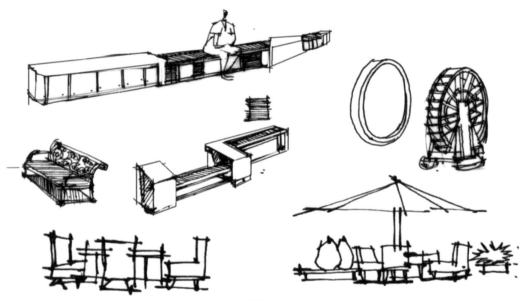

图 3-122

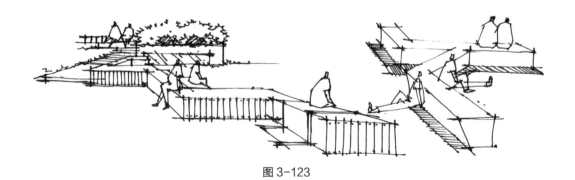

图 3-123

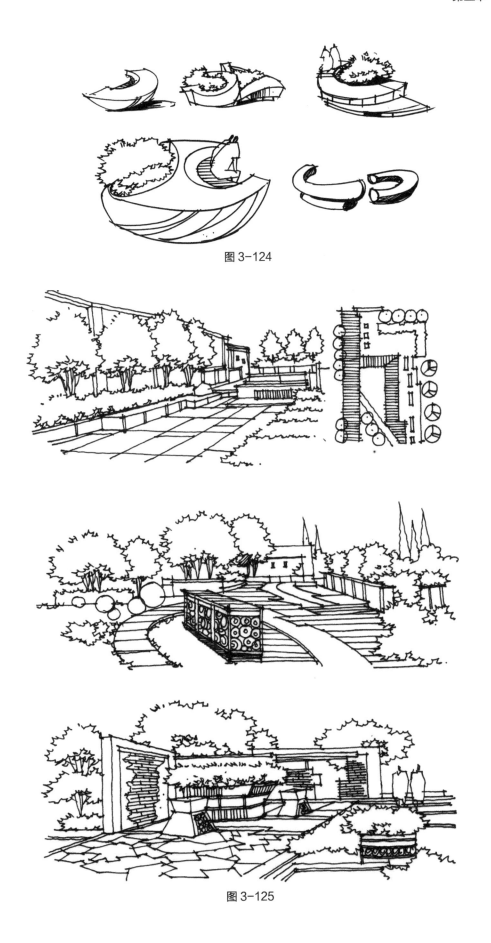

图 3-124

图 3-125

八、儿童游乐设施景观画法

儿童游乐设施多出现在儿童公园设计、小区规划设计及幼儿园设计中。儿童游乐设施具有攀爬、玩耍等功能，造型设计上多会出现环形、球体、管状、曲线、动物角色、卡通角色等，结构上多台阶、孔洞、滑梯、异型平台、栏杆等。手绘表达时，注意与成人尺度关系的差异，所画尺度关系必须符合儿童使用标准，造型、结构上除了满足儿童游乐功能外还需要注意围挡结构等安全结构的表达。儿童游乐设施外轮廓多弧形、多基础图形，后期上色时还要注意高饱和度配色特征。动物、卡通元素造型上相对复杂，重点放在造型体积关系上（图 3-126、图 3-127、图 3-128-1、图 3-128-2 上色效果）。

图 3-126

图 3-127

图 3-128-1

图 3-128-2 上色效果

第五节　景观效果图配景表现技法

一、景观配景的重要性及画法要点

景观配景包括人物、动物、交通工具、图框配景等。景观配景是景观效果图的重要组成部分，可渲染场景氛围、丰富场景画面，有些配景还可为场景尺度提供参照作用，平衡构图。例如，一幅广场效果图，有人物配景跟没人物配景的场景感觉差距是非常大的，添加人物配景，因人物的比例尺效应，图中建筑瞬间高大许多，而且整幅画面立即充满生机，观者看到的是整个场景效果，而不只是冷冰冰的硬质铺装。

配景表现要做专项训练，绘制前要多积累素材，着重掌握几种熟悉的形象。添加配景根据图面效果决定，不能凭臆想随意添加。配景添加时，注意与周边景物之间的尺度关系，空中配景物添加要注意画面构图需要。

配景表现要熟练掌握，最理想状态是拿来就用，绘制时可以适度夸张、概括，使画面生动，不必多做细节描写。

二、人物画法

（一）人物画法要点

人物手绘可以使得画面有活力、有生机，如街道上、公园里、广场上、校园里等，如果没有人物是不真实和不完美的。但要记住的是，画面中人只是陪衬，不是主体，画面中不必要求细节。

画人物配景时，从整幅图的构图均衡原理来看，人物的分量较重时，如表现大型开阔的广场景观，可以与成片树林或建筑物等景观元素形成均衡关系。人物还往往安排在画幅的重要位置，有着"正图"的作用，在稳定整个画面效果下增加活力与生动感。除了人物造型的刻画外，人物的数量和位置，要按人类活动秩序、习惯特点配合画面形式的需要综合考虑。

场景效果图中，人物在环境中一般都不会太大，但要在透视关系下进行一个或多个人物的表现，才能使远近不同位置的人立足于地面，如违反透视规律，人物很可能会有飘浮在空中的错觉。避免这类错误的出现，首先需要处理好视平线（地平线的高低）与人的关系，假定是等高的人，不论人远、近，所有人的眼睛几乎都在一条线上，如需表现更加精确，近处人的腰部在地平线的位置，远处人的腰部也要画在地平线的位置上。如近处的人头部在地平线的位置，远处的人也应如此，其他依此类推。当然，人不会是高低相等，但可根据这简易的规律加以处理，则高低不同的人物或各种动势的人，都大致可以画正确了（图 3-129）。

图 3-129

为了更好地表现人物配景，手绘时应注意到人物的体态、人群的疏密、人物的大小比例关系。因不同的场景，人物表现的深度也有所不同，常规手绘中多写实人物表现，快题手绘中多概念型人物表现，各有长处与优势。

比例问题是表现人物的关键，站立的人高有其七个头长，坐着的人五个头长，蹲、盘的人有三个半头长，"站七，坐五，盘三半"速写比例套路并不适合效果图中的人物表达。景观手绘中快速的人物表现，大家可以考虑使用"二分之一"分割法去画人物，简易快速。"二分之一"分割法是在特定人物长度下多次二分之一，快速定出人的下颌、胸部、腰部、膝盖等关键部位，再在相对准确的位置上进行人物特征刻画（图 3-130）。

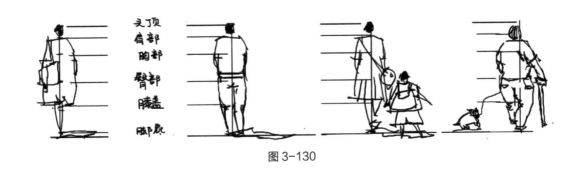

图 3-130

（二）写实画法的人物

写实型的人物表现其外形、动态、衣服、装饰、配饰等都接近真实效果，在人物比例准确的情况下略微细节描写（图 3-131）。

图 3-131

（三）概念型人物画法

　　草图手绘、快题手绘表达，因快速表现的要求，常使用概念型人物表现。在合理的比例下，用简笔画的形式表现人的基本特征，刻画关键部位如头、身体、腿等。画时，头部可适当小点，身体呈长方形，腿部用一大一小两个长三角形表现人行走的动态，可适当添加背包、挎包等配饰。表达人群可用黑白关系拉开层次（图 3-132-1、图 3-132-2）。

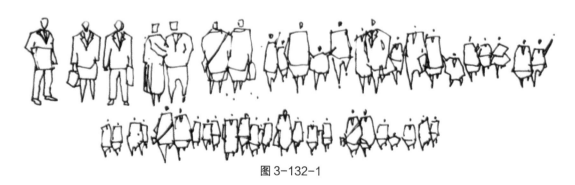

图 3-132-1

图 3-132-2

三、交通工具画法

街道景观或小区景观表现时因环境氛围的需要，机动车也是配景元素之一。机动车种类多，造型复杂，表现难度较大。画前应先观察常规机动车的结构，在理解机动车的主要结构下进行表现。

（一）机动车形体结构

如图 3-133-1、图 3-133-2 所示，机动车结构大体上可联想成大小两个扁长方体叠合而成，手绘初期，可先用铅笔勾勒大体形体关系再做细节变化，注意机动车挡风玻璃、后视镜、车门、轮胎等关键部位的形态、位置及透视关系。

（二）机动车透视与角度

方便日后效果图的表现可做机动车多角度练习，先画体块透视再做细节表现。

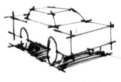

图 3-133-1

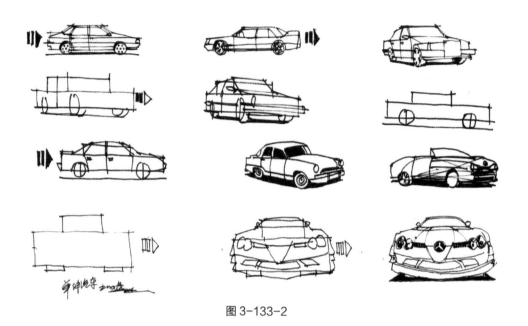

图 3-133-2

（三）机动车细节描写

不同种类的机动车特点各异，如跑车造型酷炫、体量矮扁、多优美弧线，货车有载货结构、体量尺寸相对较大。对主要结构的差异进行细节描写，如机动车挡风玻璃、后视镜、车门、轮胎等（图 3-134）。

图 3-134

四、效果图前景画法

分层次表现能快速的塑造景观空间，前、中、远景相互对比和衬托下能营造出自然丰富的景观空间。前景多做画面围框构图，常用植物、石景自然围合，也可利用前景线条的朝向、力度、疏密关系，自然巧妙的组合前景。如图 3-135、图 3-136-1、图 3-136-2 所示，有左右对称式、杠杆式、密闭式、均衡式。在细节表现上，前景相对背景稍显复杂和精细，但不能孤立刻画，脱离景观整体表现。

（一）前景图框

图 3-135

（二）前景植物

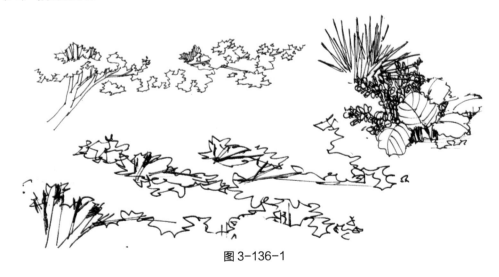

图 3-136-1

图 3-136-2

五、效果图远景画法

　　效果图远景作为配景元素容易被忽视，例如风景中处于天地相接处的远山，虽不是主体物，但它常常可以体现画面空间感。远景配景起着衬托前景、丰富色彩的作用。手绘表现时，用线相对中景、前景表现上笔力度较轻。整体表现上勾勒大体轮廓即可，不必做过多的细节描写，但是需要利用线条的疏密关系表现明暗关系。当远景为高层建筑时，注意建筑体块透视，利用排线、图案区分明暗面，注意线、面间疏密关系的变化（图 3-137-1、图 3-137-2）。

图 3-137-1

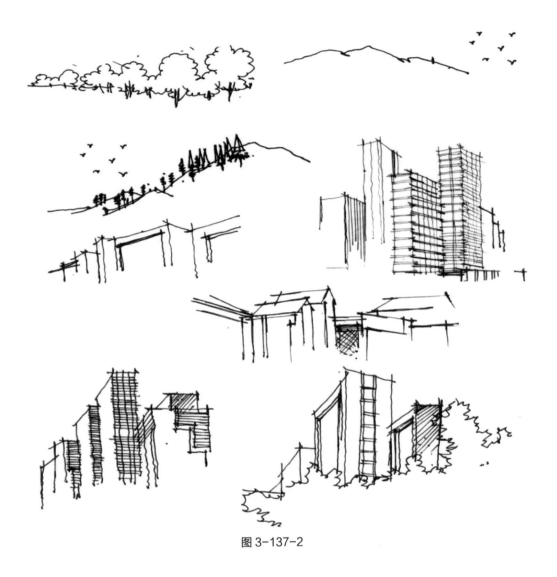

图 3-137-2

第四章 纸上谈兵

第一节 构 图

一、构图的定义

构图是指根据题材和主题思想的要求，把要表达的内容适当地组织起来，构成一个协调的完整的画面。景观设计的构图是指在充分组织景物、合理布局、联合空间的情况下，突出个别或局部形体特征，和谐多方元素组成一个整体的画面，打造具有设计美感的景观空间。

景观构图包括三部分，前景、中景与背景的组合，目的是为了构建一个层次分明，主次有度的空间画面，其主要应用于景观效果图的表现与表达上。就景观设计手绘而言，并不像一些完整地艺术创作或者绘画作品要求那么高，而是用快速的方法将景观元素组织在一个画面，准确地传达出一个主题景观广场或是一些创意景观的设计意向即可，构图格式上没有太多限制。如果能在此基础上兼顾画面的构图美感，其图件视觉上会加分很多，还可以让观者感受到你的美学功底与设计敏感度。

二、优的构图界定

景观构图就像是相机的画面一样，选择一个合适的站立点，得到最佳的场景视觉效果，将要表现的内容主次有序地包容在相框内，并聚焦到设计重点上，让画面看起来均衡稳定。为此手绘者在绘制效果图时，应明确主体内容的尺度与范围，确保主题内容的相对完整性，始终牢记将设计场景呈现在图框之内，设计重点突出表现，和谐配景元素，避免喧宾夺主，从整体上把握构图关系的协调与统一。

三、构图中常见问题

（一）图面不平衡

如图所示，图面内容偏左或偏右、偏上或偏下都会导致画面不平衡（图4-1）。

处理办法：针对画面偏左偏右的问题，建议在绘图前建立透视关系时，注意消失点位置的选择。如选择一点透视，消失点可选择消失线上纸张中心点偏左或偏右的位置，不可超过离中心三分之一的位置；两点透视时则需要注意两个消失点与纸张边缘的关系。针对偏上偏下的问题，注意人视时消失线的位置确定在画面中心靠下的位置，上下的比例关系大致为3:2，后文"一点透视"平面转透视五步法第一步构图有提到具体解决办法。

图 4-1

（二）过"满"或过"小"

如图 4-2，因为透视距离把握不准的关系，有的同学在画面表现中容易出现过"满"或过小，应做到饱满但不外溢最佳。

处理办法：可在构图之前先勾框，如 A3 纸上的效果图图幅大小大约是 A4 纸张大小，左右两边的距离相等，下部比上部留出的距离略多。这个图框起着约束和提醒的作用，画面处理过满的同学可快遇框就停笔，画面表现太小的同学应大胆展开绘图表现，具体步骤参照后文"一点透视"平面转透视五步法第一步构图的知识点。如果画了图框还出现问题，则需要考虑是不是在透视过程中所定的透视距离太短或是太长，针对透视可学习本书本章第二、三节的透视内容，并进行有针对性的练习。

图 4-2

（三）画面重点不突出，层次不清

画面内容组合不考虑主次关系，不注重虚实疏密关系就会出现画面混沌不清、层次不明的现象。

处理办法：绘图之前仔细斟酌画面表现内容，整体环境分近景、中景、远景进行场景刻画，重点表现的景观元素多放在中景中心位置，多细节刻画，这样层次分明，主次明显（图4-3）。

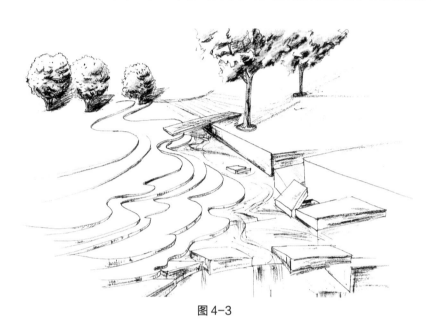

图4-3

四、常用景观构图形式

（一）水平式，安静稳定

（图4-4）

图4-4

（二）垂直式，庄严肃穆

（图 4-5）

图 4-5

（三）S 形，优雅多变

（图 4-6）

图 4-6

（四）三角形，刺激有力

（图 4-7）

图 4-7

（五）圆形，饱满有张力

（图 4-8）

图 4-8

（六）辐射，纵深感强

（图 4-9）

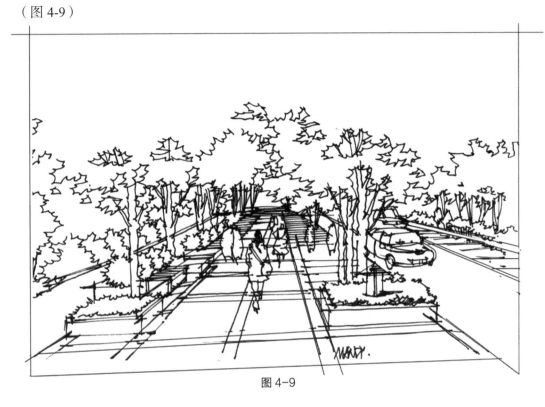

图 4-9

（七）中心式，主体明确、效果强烈

（图 4-10）

图 4-10

（八）渐次式，韵律感强层次分明
（图 4-11 ）

图 4-11

五、景观构图方法解析

（一）前景、中景、后景

注意前景、中景与后景的组合。近景，多为植物、石头、人物的配景，创造细致、生动的内容表现，增强空间的进深效果。中景，通常是表现的主题内容，客观的内容表现并直接体现设计的要求。远景，进一步加强景深效果，同时对中景的空余进行填充封闭，使画面趋于完整，远景表现要求概括和含蓄（图 4-12 至图 4-15 ）。

图 4-12 前景部分

图 4-13 中景部分

图 4-14　远景部分

图 4-15

（二）动、静构图

　　构图分静态构图与动态构图，如有构图靶心，横竖轴交叉点俗称趣味中心。静态构图相对稳定、对称，但表现效果图上相对呆板，相比之下动态构图灵活多变，随性巧妙，就景观手绘效果图表现而言后者是更好的选择。将趣味中心根据设计表现内容横移或竖移可建立更有动态感的构图，从而获得更有趣的空间分布（图 4-16）。

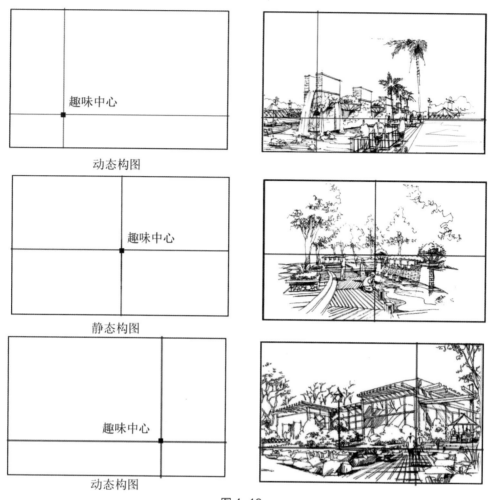

图 4-16

（三）构图平衡

一个良好的构图画面应该是均衡的，其平衡点宜落在趣味中心上，就像杠杆保持平衡一样。利用画面中的支点左右位置进行景观元素的分配，维持画面的平衡，会创造出更多均衡且有意思的景观效果图（图 4-17、4-18）。

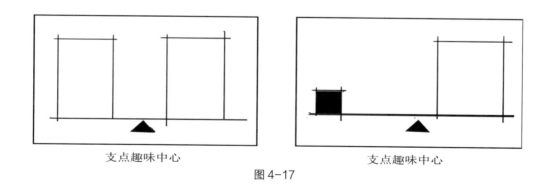

图 4-17

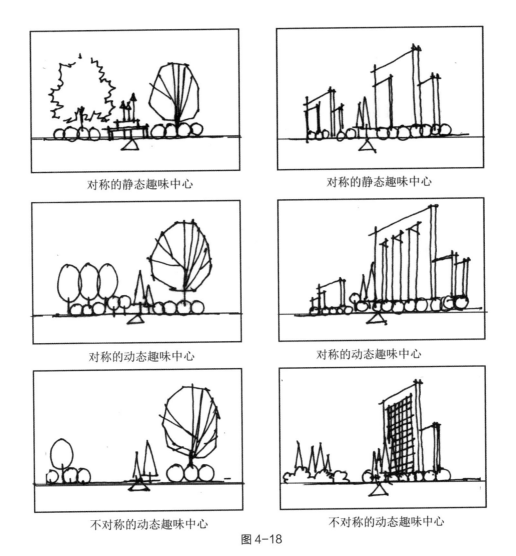

对称的静态趣味中心　　　　　　　对称的静态趣味中心

对称的动态趣味中心　　　　　　　对称的动态趣味中心

不对称的动态趣味中心　　　　　　不对称的动态趣味中心

图 4-18

（四）构图趣味

景观手绘效果图表达中，线稿阶段黑白灰比例及画面疏密关系的改变也可以获得有趣且灵活的构图效果（图 4-19）。

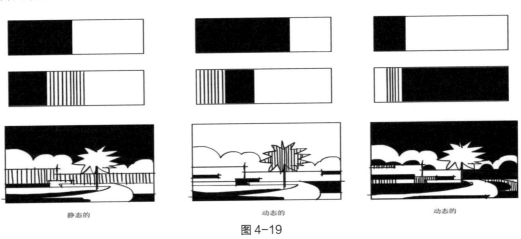

静态的　　　　　　　动态的　　　　　　　动态的

图 4-19

（五）构图解析与示范

（图 4-20）

儿童服务设施作为本图重点
表现景观元素置于构图中景

为构图左右平衡丰富
前景植物阴影

乔木作为背景植物
表现简单

山体作为构图背景，简单轮廓，
但属性清楚

倾向画面中心的前
景乔木有着引导观
者视线的目的

前景中的石与地被植物使观者
的视线不游移出画面外

高对比色被置于趣味中心

乔木、灌木组合作为构图前景组成部分

图 4-20

六、关于构图练习

　　初学者构图练习时不妨先选择内容比较简单、平远的景色作构图练习，加强对画面的空间层次及虚实关系的掌控，画幅不必过大，时长约 20 分钟左右即可完成。在选景取景时，有时为了画面效果必须去掉某些与主题无关的或有碍构图完美的景物，这可以通过风景速写来进行提高，同时注意把握画面的明暗、疏密关系。经过长时间练习，你就能快速地绘制出主次有序、空间层次分明的景观效果图。

图 4-21

第二节　效果图透视方法与应用

一、透视概述

（一）透视的作用

透视是手绘景观效果图中重要的基础知识，它直接影响到效果图整个空间尺寸比例及纵深感和景观元素的立体感。常用的透视形式有一点透视、两点透视。

（二）透视基本原则

透视学习之前需要记住几条重要的透视原则：

（1）想象的地平线（基线）通常与视平线（消失线）平行；

（2）由透视所产生的消失点总处于地平线上；

（3）消失点可以是一个、两个或三个，这个取决于你设计表现的内容与表现的目的。一点透视主要表现场景的空间感及整体环境（图4-22），两点透视主要表现景观设计的某些细节（如图4-23），三点透视主要表现景观挺拔耸立的特殊效果图等（图4-24）；

（4）随着视高的不同不管是几点透视都会产生俯视、平视及仰视的不同效果。

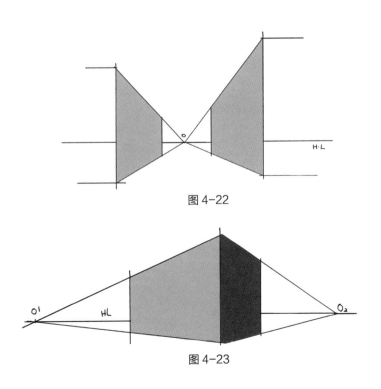

图 4-22

图 4-23

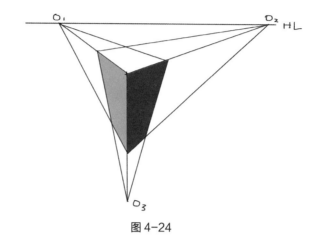

图 4-24

二、一点透视

（一）一点透视的基本原理

在了解一点透视的画法之前我们先要了解一些简单的透视术语（以下透视术语仅满足效果图的使用需求，如图 4-25）。

（1）灭点 (O)：与视平线平行的诸条线，在无穷远处交汇集中的点（消失点）称灭点。

（2）中视线 (CVR)：视点到画面的垂直连线，是视圆锥的中轴线 0204 中心视线。

（3）画面 (P)：作画时假设竖在物体前面的透明平面，平行于画者的颜面，垂直于中视线。

（4）视平线 (HL)：过视点所作的水平线，或者说地面尽头与天空交接的水平线。

（5）视平面 (HP)：视平线所在的水平面。

（6）视高面（EL)：视高到基面的距离，相当于人眼的高度。

（7）视点 (S)：视者眼睛的位置，又叫目点。

（8）基面 (GP)：与基线相同。

（9）基线 (GL)：画面与基面的交界线。

（10）站点 (SP)：视点在基面上的垂直落点，又叫立点。

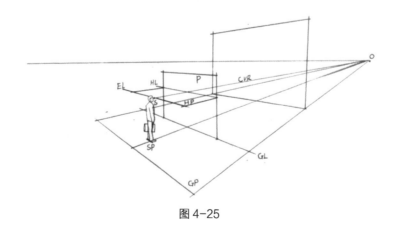

图 4-25

（二）一点透视的空间塑造

观察视角的不同，效果图会形成不同的透视角度，一点透视是景观效果图中最常用的透视角度，优势是可以很好地表达出空间感和纵深感（图 4-26）。

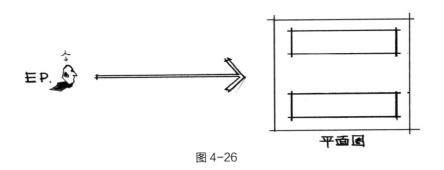

图 4-26

视高的不同，同一个场景或是物体一点透视会表现出不同的体面效果（图 4-27、图 4-28）。

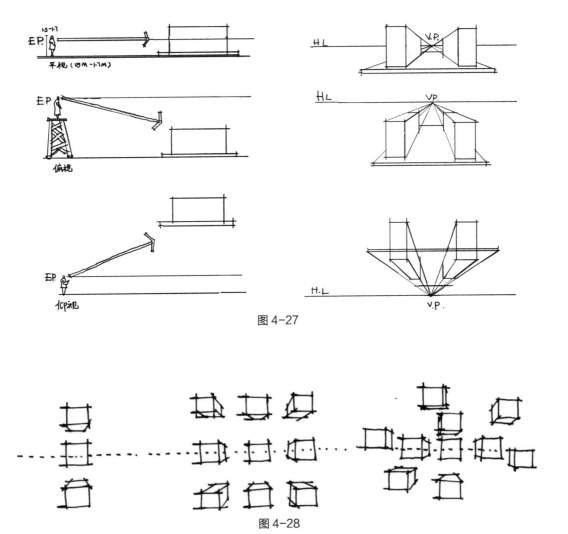

图 4-27

图 4-28

（三）一点透视的学习要点

（1）近大远小、近实远虚、近宽远扁、近亮远灰（图4-29）。

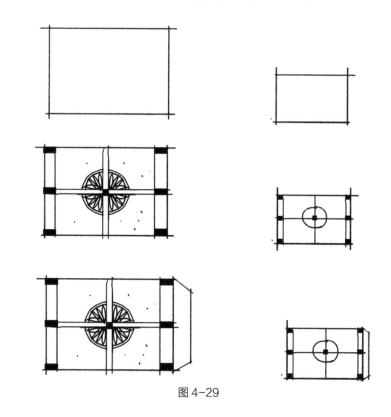

图4-29

（2）横平、竖直、纵消失（图4-30）。

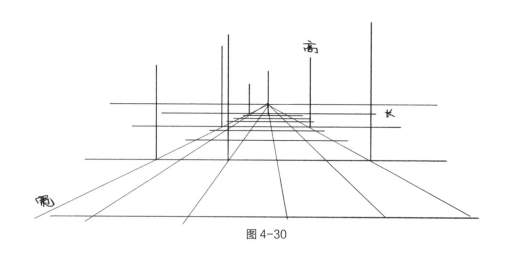

图4-30

（3）消失线上的点垂直基面的距离等于视高（图4-31）。

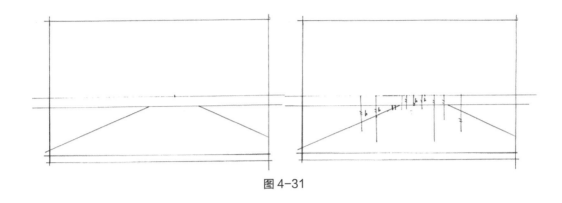

图 4-31

效果图中，假设视高是 2m，要画出一个树池（树池的高度约为 0.5m）就能够以此方法定出其高度（图 4-32），找出其 1/2 的高度为 1m，再找出其 1/2 的高度为 0.5m。此方法虽有误差，但能够保证效果图中的比例不会出现太大偏差。

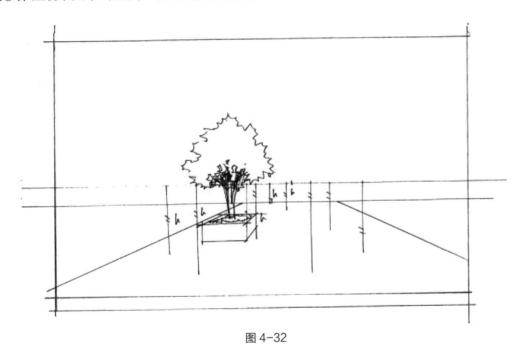

图 4-32

（四）一点透视平面转透视方法步骤

手绘效果图不仅仅是为了画面好看，更多是为了通过平面图、立面图及效果图三维立体地表现景观设计信息，熟练地掌握手绘方法，对日后景观方案的创作起着积极作用。

平、立面图转效果图的方法可归纳为五个步骤：

第一步：构图

（1）以 B4 纸为例，先在画面中找出一个距离纸

图 4-33

边框2.5cm左右的图框，这个环节可以很好地解决初学者构图过大或者过小的问题（图4-33）。

（2）在画面中找出视平线（HL）和基线（GL）的位置，视平线位置宜定在图框的1/2~1/3之间，基线（GL）在视平线（HL）下方1cm处即可，定出灭点所在位置，一般定在画面中点偏左或者偏右的位置，并找出构图线（图4-34）。

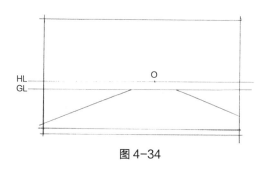

图4-34

（3）将给出的平面图进行4×4等分，这样做的目的是方便我们在透视图中找出平面图中所设计内容的对应位置（图4-35）。

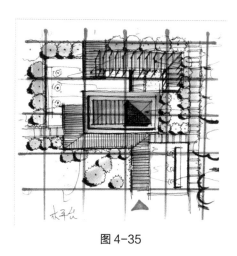

图4-35

（4）通过对角线原理，将所画基面进行等分（图4-36）。

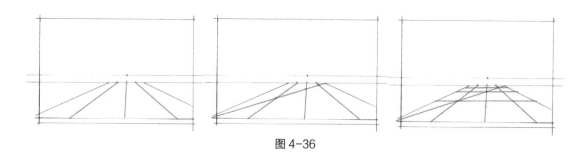

图4-36

第二步：定位

根据等分的平面图找出透视图中对应的位置（图4-37）。

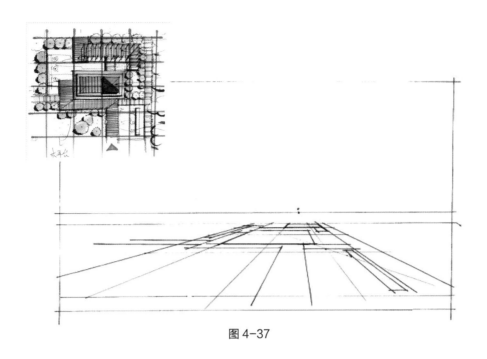

图 4-37

第三步：体块高度

按透视图中定位的设计内容给出高度，依据基面上任意一点到视平线的垂直距离都等于视高这一原理定位其高度（图 4-38）。

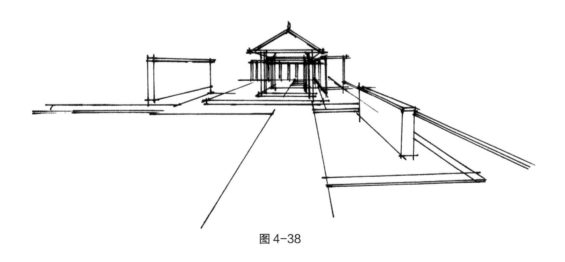

图 4-38

第四步：植物

根据平面图定出植物位置，植物的高度及类型可根据画面的需求自己定义，遵循高低错落的构图原则，平面图中的植物关系可根据构图需求适当地进行调整（图 4-39）。

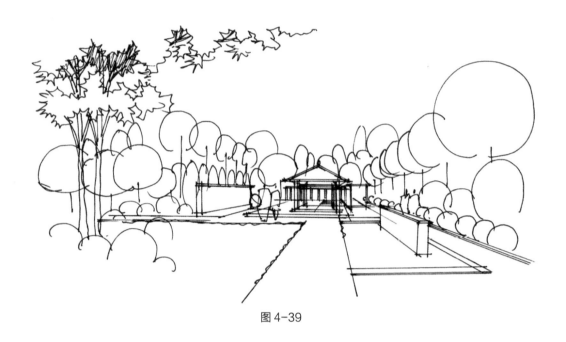

图 4-39

第五步：细节

最后绘制出铺装的形式、构筑物的材质、植物细节及空间中的人物，从而完成整个效果图的表达（图 4-40）。

图 4-40

（五） 一点透视景观照片写生方法步骤

要点：可以从杂志、网络上搜集一些画面较好的景观照片进行临摹，经常练习，实现从量变到质变的过程。

目的：通过临摹照片，可以通过对其形体透视、材质表现建立对景观场景的直观感受，为日后独立创作及绘制出有空间感和立体感的景观手绘效果图打下基础。

理想效果：拿到图片能够快速把握画面重心，选择合适的透视方法，勾勒出其景观场景。

图片写生是初学者常见的训练方法之一，有针对性的实景写生和图片临摹有利于提高设计表达能力，图片写生的步骤也可以分为5个步骤来完成。

第一步：分析找点

拿到一张图片时切不可操之过急，盲目上纸，首先针对写生图片找出灭点、视平线，并对构筑物的透视线做延长处理，2条透视线相交的点就是其灭点所在的位置，灭点所在的那条线就是视平线所在的位置（图4-41）。

图4-41

再来，针对写生图片内容找出景观构筑物，构筑物包含墙、柱及小型建筑一类，构筑物能将画面的骨架构建起来，方便下一步绘图。找出构筑物的类型及相对位置，该图包含了两堵景墙和一组铁轨（图4-42）。

第二步：构建清晰的透视关系

图框画定后，将第一步分析出的灭点位置移动到画面上来形成清晰的透视关系（图4-43）。

图4-42

第三步：提炼构筑体块形成大的图面关系

根据第一步分析得出的景观构筑物的体块位置，不同于平面图转效果图能够在底图中找出，以此可根据事先分析出的位置找出构筑物相对应的位置和高度（图4-44）。

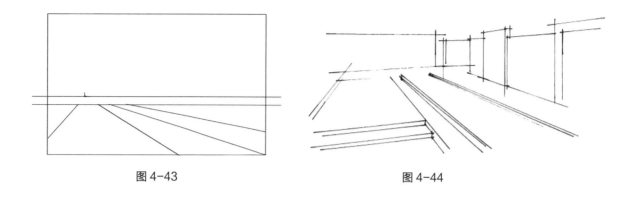

图 4-43   图 4-44

第四步：植物

根据手绘效果图的需要，对画面植物做适当的调整和取舍（图 4-45）。

如画面中前景的两棵植物，画在手绘效果图当中会破坏画面，所以在构图的时候就可以将其舍去。后景当中的两棵树高度一样，形式一样，所以在手绘效果图中取一棵即可。

图 4-45

第五步：细节刻画

完成构筑物细节的刻画及铺装形式，植物细节、配景人物等细节完成效果如图 4-46 所示。

图 4-46

（六）一点透视临摹案例

（图 4-47、图 4-48-1、图 4-48-2）

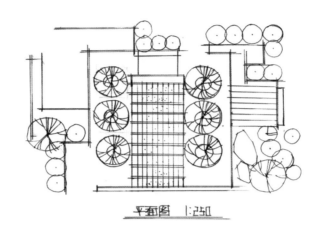

平面图　1:250

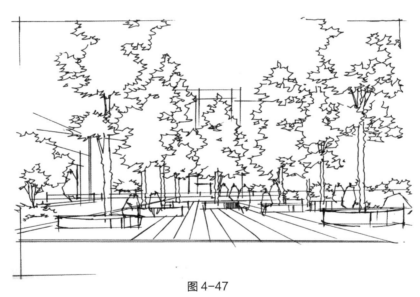

图 4-47

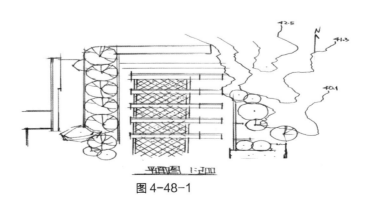

平面图　1:200

图 4-48-1

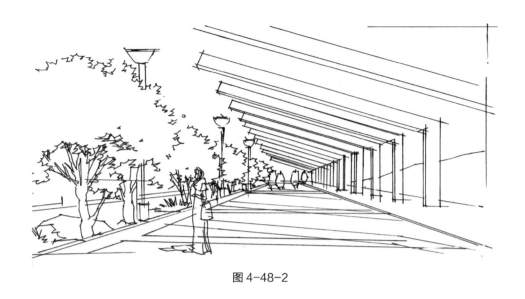

图 4-48-2

三、两点透视

（一）两点透视理论及在景观效果图中的运用

观察画面时跟画面形成一定的夹角，并且夹角非 0°、90°、180° 时则形成两点透视又称成角透视（图 4-49）。

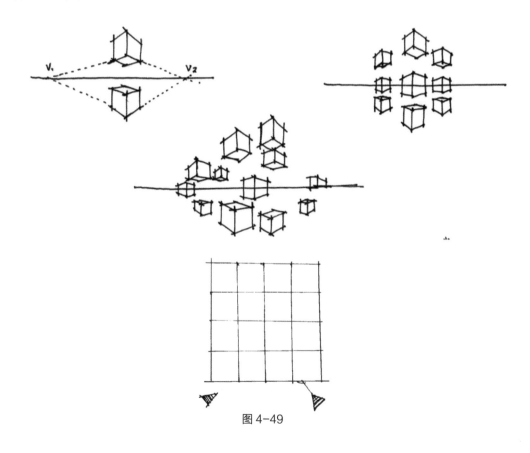

图 4-49

（二）两点透视网格图绘制步骤

第一步：构建大体透视关系

确定视平线 HL、真高线 AB 和两个灭点 V_1、V_2，作 A、B 两点与 V_1、V_2 的连线，并使之延长。以 V_1、V_2 为直径画圆弧，交 AB 延长线于视点 E，分别以 V_1E、V_2E 为半径作圆弧，交视平线 HL 于点 M_1、M_2，M_1、M_2 为透视进深的测量点，在基线 GL 上 A 的左右分 10 个刻度（图 4-50）。

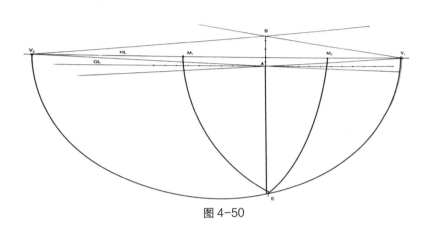

图 4-50

第二步：构建透视网格

分别过 M_1、M_2 作基线 GL 上各刻度的连线，并延长至 A 点两侧的透视线上交于各点，将各点分别连接 V_1、V_2 并反向延长，形成地面透视网格（图 4-51）。

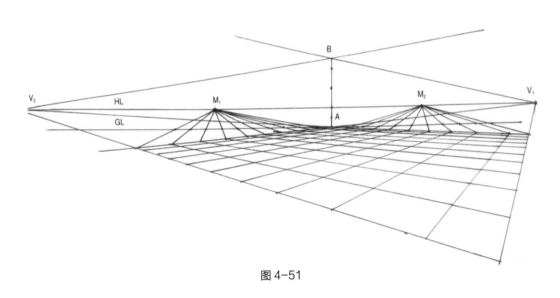

图 4-51

第三步：整理细节

在已完成的透视构架上提取重要的线条，画出清晰的两点透视网格图（图 4-52）。

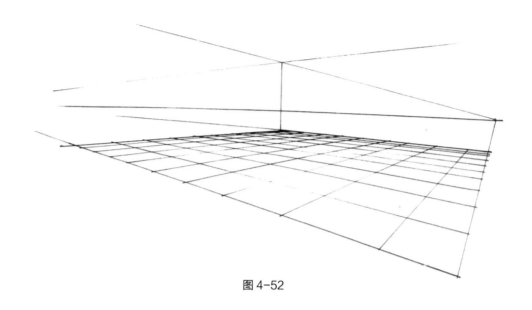

图 4-52

（三）两点透视平面图转化效果图方法及步骤

第一步：勾画边框，构思构图

绘图第一步需要勾画边框，拿出直尺，在距离纸边大概 2.5cm 左右的位置绘制出一个图面边框，并且对即将表达的效果图进行假想，完成初步的构图工作（图 4-53）。

第二步： 确定两点透视关系

（1）在已绘制好图框侧边的 1/2~1/3 处，找出基线的位置，平行移动 1cm 得到视平线的位置，在图框的边缘定好消失点位置，找到中点然后将中点往左边偏移（根据平面设计图侧重表现的景点为依据左右偏移），离消失点越近表现的景观元素越清晰（图 4-54）。

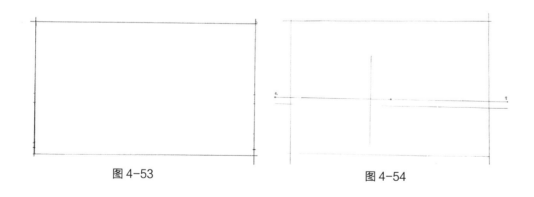

图 4-53　　　　　　　　　　　　图 4-54

（2）将 V_1 点与原点相连并反向延伸，将 V_2 点与原点相连并反向延伸，然后定出正方形（图 4-55）。

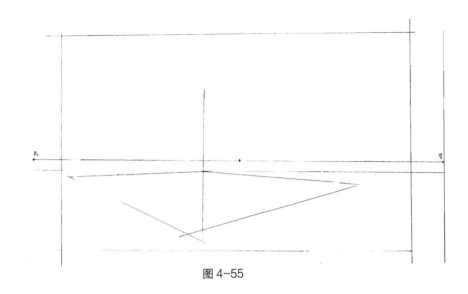

图 4-55

（3）因为所画的底图关系的比例为 1:2，是长方形，所以要将该正方形进行延伸得到 2 倍的比例关系（图 4-56）。

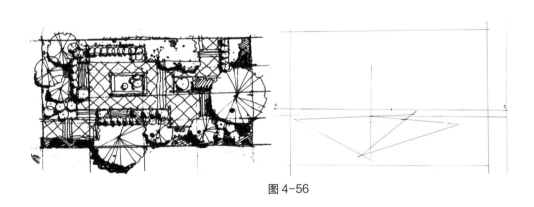

图 4-56

（4）运用中位线原理将其进行 4×4 等分，至此整个透视关系就确定完成（图 4-57）。

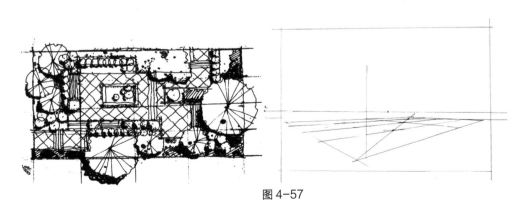

图 4-57

第三步：地位景观元素位置及体块关系

（1）将设计平面图进行等分（图4-58）。

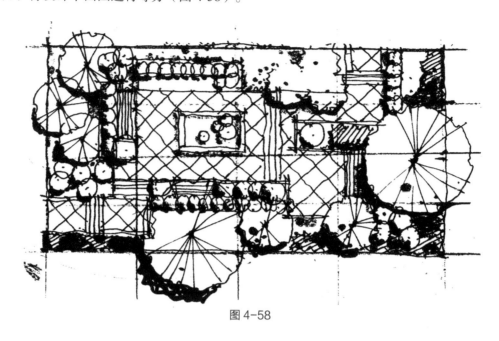

图4-58

（2）对应设计平面图中构筑物的位置找出透视图中的位置，并找出对应的体块高度关系（图4-59）。

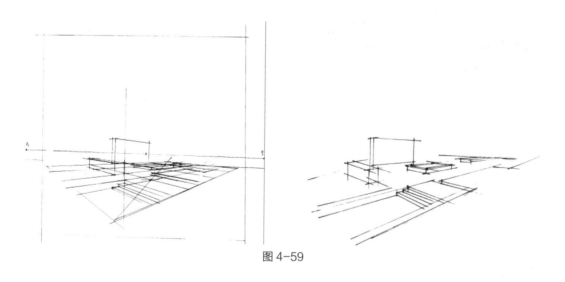

图4-59

第四步：植物

（1）找出植物的对应位置（为满足构图需要，可以适当地将平面当中植物位置进行适当的调整）。

（2）以圈的形式给出植物的高度及前后位置关系（图4-60）。

图 4-60

第五步：细节

刻画出构筑物、铺装的细节以及植物的疏密关系，从而完成效果图（图 4-61）。

图 4-61

（四）两点透视图片写生方法与步骤

第一步：分析图片

（1）拿到一张图片时切不可操之过急地去画，首先要对其进行分析，通过构筑物找出画面当中灭点和视平线所在的位置，并对构筑物的透视线做延长处理，两条消失于同一侧的透视线相交的点就是其灭点所在的位置，另外一侧的灭点用相同的方式确定，如果无法在画面上相交，可将其延伸到纸外，两个灭点所在的那条线就是视平线所在的位置（图4-62）。

图4-62

（2）分析画面中包含了哪些构筑物，找出构筑物的类型及相对位置（图4-63）。

图4-63

第二步：构图

与平面图转效果图五步法一致同样先定出构图框，然后找出视平线（HL）和基线（GL），参照景观效果图五步法，将之前分析出的灭点位置移动到画面上来，并画出大的透视线（图4-64）。

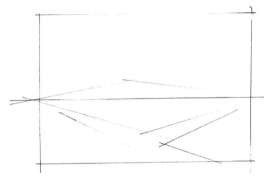

图 4-64

第三步：构筑体块及相对位置

构筑物的体块位置不同于平面图转效果图能够在底图中找出，我们可根据事先分析出的位置找出构筑物相对应的位置和高度（图 4-65）。

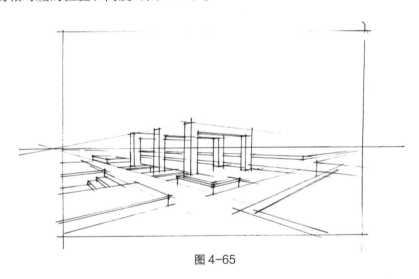

图 4-65

第四步：植物

根据分析将画面中不适合手绘效果图的植物做适当地调整和取舍（图 4-66）。

图 4-66

第五步：细节

完成构筑物细节的刻画及铺装形式，植物细节、配景人物等细节完成效果如图 4-67 所示。

图 4-67

（五）两点透视临摹案例

（图 4-68）

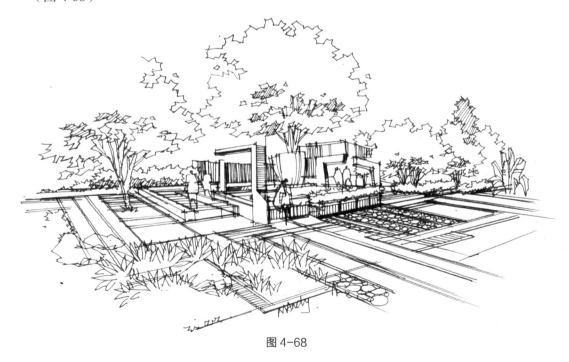

图 4-68

四、鸟瞰图透视

（一）鸟瞰图在景观手绘中的应用

两点透视是景观鸟瞰效果图常用的透视角度，能够非常全面地呈现出设计平面图的全局内容，因此，鸟瞰图的手绘学习是景观手绘的重要部分。由于两点透视鸟瞰图无法在纸上找出灭点，所以解决透视问题是重中之重。

（二）平面图转两点透视鸟瞰图方法和步骤

第一步：构图

无论是一点透视还是一点斜透视我们都运用了构图框，构图框是解决构图过大或过小行之有效的方式，没有熟练的构图能力时切不可跳过这个步骤。

第二步：透视关系

鸟瞰图中透视是最难解决的一个环节，虽然无法在纸上找到灭点，但通过以下方法就可以轻松把握透视。

（1）在纸上任意画出一条视平线，定出灭点位置，找到中点，将中点往右边偏移得到一条直线 L（这里我们以右边为例，该直线往左或者往右偏取决于观察平面图的视角），在直线 L 上取一点 P，然后连接 V_1、V_2，观察 $\angle V_1PV_2$ 的角度，该角度约为 110º，角度过大或者过小都会使透视底图变形（图 4-69）。

（2）在此基础上截取出正方形 APCD，人眼对透视当中的正方形很敏感，我们可以直接将正方形找出（图 4-70），可以根据对角线原理推导出 2:3 和 2:1 的矩形关系（这两种比例关系基本能够概括，我们能够遇到的大部分地块只需在此基础上适当地增加或者减少即可）。

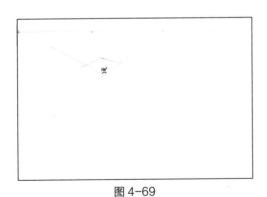

图 4-69

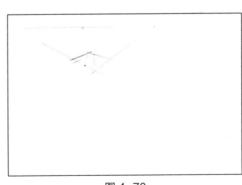

图 4-70

（3）在大的纸面上找出对应的直线 L 的位置，在 L_1 上取 P_1 点，该点距离构图框的位置约 3cm，这个位置不会使构图过于靠上或靠下（图 4-71）。

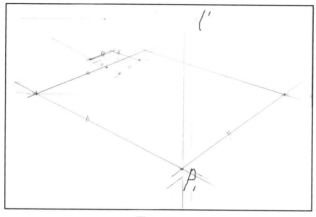

图4-71

（4）然后将 V_1P、V_2P 平行移动到 P_1 点位置得到的 $V_1'P_1$、$V_2'P_1$（图4-72）。

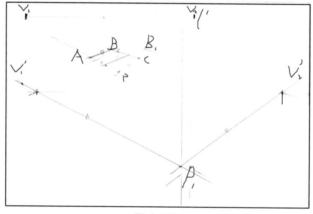

图4-72

（5）连接AC点，将AC平行移动与 $V_1'P$、$V_2'P$ 相交于 A_1C_1（A_1C_1 距离构图框约2~3cm为适中，可根据实际情况进行调整）。将 AB 平行移动到过 A_1 点位置，将 BC 平行移动到过 C_1 点位置，得到底图 $A_1B_1C_1P_1$（图4-73）。

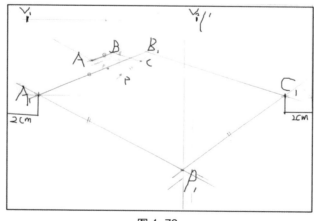

图4-73

（6）根据对角线原理将小图 4×4 等分，并对应大图位置进行 4×4 等分（图4-74）。

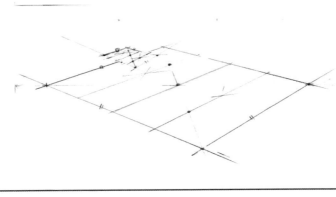

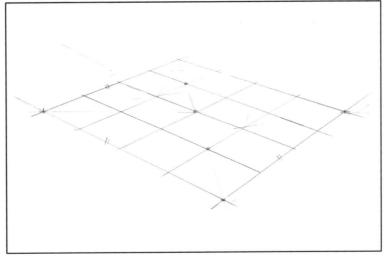

图 4-74

第三步：景观元素定位

将设计平面图进行 4×4 等分，对应其位置找到透视图中的位置，应先找出对应的景观节点、路网位置、体块位置等（图4-75）。

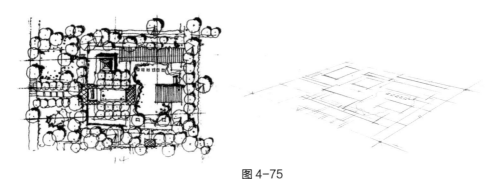

图 4-75

第四步：体块关系与植物定位

找出其中植物的关系，以"鸡蛋"的形式将其定位，并拉出体块的高度关系（图4-76、4-77）。

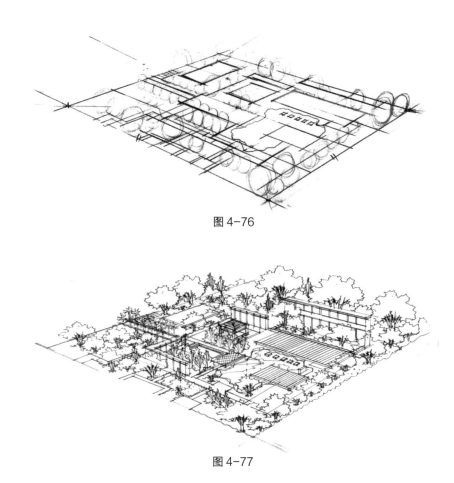

图 4-76

图 4-77

第五步：配景及细节

先找出景观节点路网等的细节，然后再刻画植物配景等的细节关系，从而完成鸟瞰图的绘制（图 4-78）。

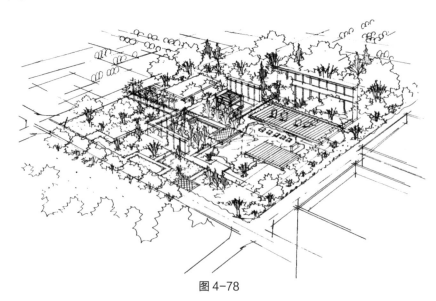

图 4-78

（三）鸟瞰图临摹案例

（图 4-79、图 4-80、图 4-81-1、图 4-81-2）

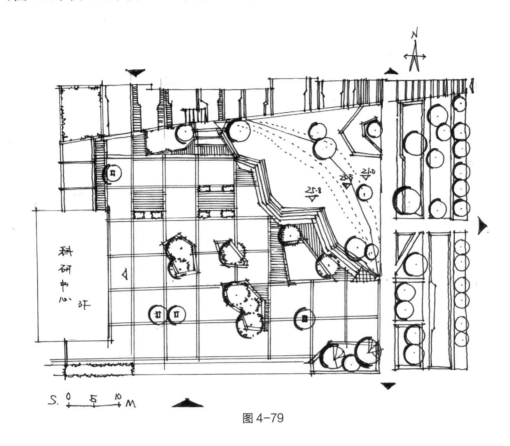

图 4-79

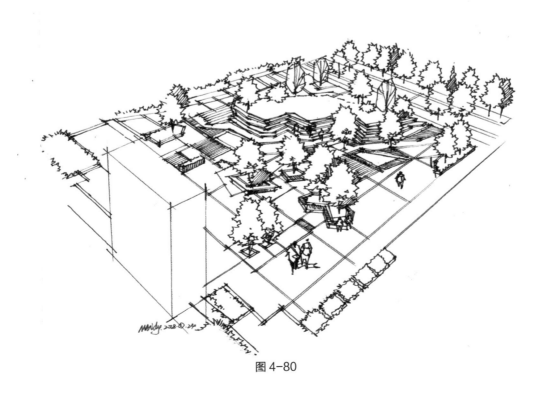

图 4-80

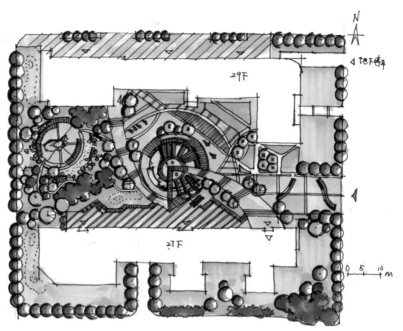

图 4-81-1

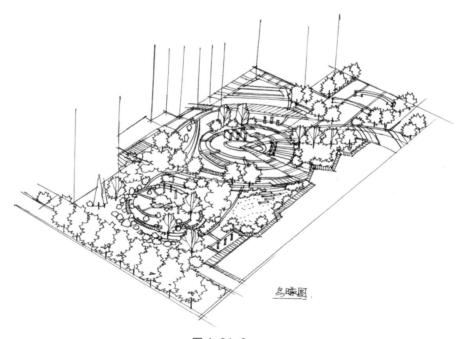

图 4-81-2

第五章 / 分解练兵

第一节　景观平面图手绘表现分解

一、景观手绘平面表达要点

景观手绘平面图是绘图者设计思维的直接体现，运用网格形式把握尺度，通过平面布局、功能分区、设计元素共同构建整个画面。从最初的铅笔草图到最后针管笔细化定稿，让观者有效地读取平面设计信息，就完成了景观平面手绘表现的意义。

景观设计工作中，手绘平面多是利用 CAD 软件打印底图，利用硫酸纸的高透明度附着绘制，结合尺规工具进行规范绘图，最后利用 PHOTOSHOP 进行底图叠加或修整。景观手绘平面图的绘制看似繁琐复杂，其实是有迹可循，一般可分为三个阶段。

第一阶段，草图方案阶段，在平面图上通过景观视觉轴线和交通流线把控全局，运用主次干道串联整个平面功能分区和景观节点，在此过程中注意主次景点及主次道路的尺度区别，既清晰合理，又层层递进。

第二阶段：方案深化阶段，确定方案后，细化各个功能分区设计，如各种花架、雕塑、岗亭、景墙等景观构筑物，以及规范和具体化各个尺度，使平面图更加合理、清晰、准确。

第三阶段：方案定稿阶段，景观细节刻画，如道路铺装的材质样式及收边处理。植物绘制时，如主景树、行道树、乔木、灌木、地被及花卉等根据不同的植物属性利用图例加以区分。再将手稿扫描成图片导入到 PHOTOSHOP 里面处理。

优质的墨稿景观设计手绘平面图，应该做到设计思路明确、布局均匀、尺寸准确、图例分明、制图规范、黑白层次分明、线条肯定流畅。

二、景观手绘平面图小技巧

（一）景观手绘平面图控制尺寸小技巧

在手绘景观平面图的过程中，尺寸的掌握是平面图中容易犯的错误，稍加不注意平面图就面临设计信息表达错误的风险。为此在手绘平面表达过程中，首先要对尺寸有基本的概念，建议大家在完成草图方案阶段后，可以在 CAD 软件中将道路的宽度或是一棵常规乔木的直径用 CAD 简单的勾勒出来，作为尺寸参考的图例，然后打印，并继续前往后两个阶段的绘制，这样会比较容易把控尺度。同时还需要熟练的掌握三棱比例尺的用法，尽量利用尺规工具，规范与细化平面内容。

（二）景观手绘平面图体现秩序感的小技巧

　　景观道路绘制是景观平面图最重要的一部分，绘制过程中要主次有序，主干道和次干道在尺度上要有明显的区分，同类道路在绘制时要保证道路的间距一致，道路的左右边线是平行关系，可画成双线表示路牙。景观路线应使用平滑曲线，尽量避免锐角转折，道路相互之间贯通，平滑过渡。绘制植物时也需要通过不同植物的图例样式和大小来区分，注意与场地环境结合起来进行放置，例如体现秩序感的行道树布置，树木群需要整理绘制，切记散乱。严格把控树木之间的间距及与道路宽度的对比关系。绘制微地形的植物一般采用的是自由式布置，烘托轻松愉悦的氛围。

（三）景观手绘平面图上色小技巧

　　景观平面手绘一般是七分形、三分色，上色部分是为了让平面图内容表达更清晰，层次更鲜明，尽量采用整体概括，凸显景观设计元素的固有色即可。根据不同的情况，可以在硫酸纸上上色，也可在硫酸纸背面上色，在复印纸、快题纸上直接上色也是可以的，切记上色不要太过花哨。

三、景观手绘平面图步骤

（图 5-1）

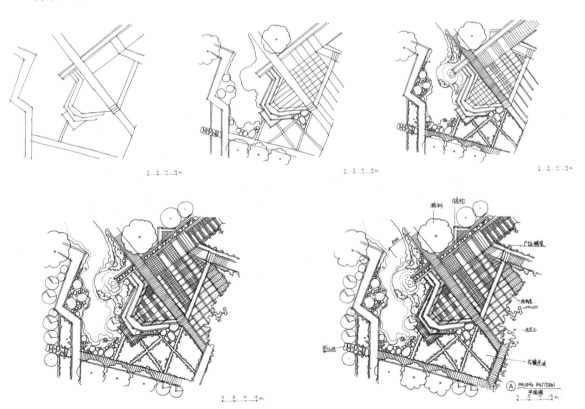

图 5-1

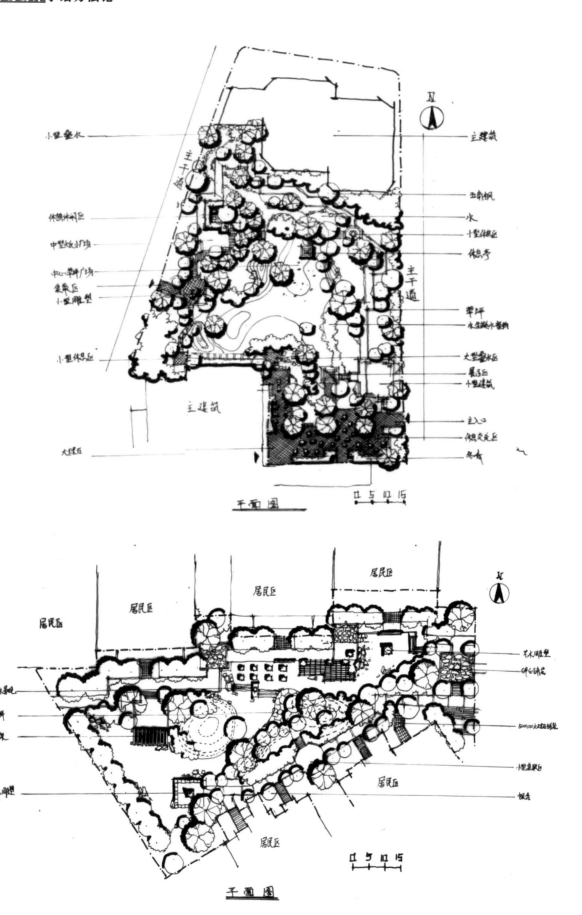

第二节　景观立、剖面图手绘表现分解

景观平面图表达的是景观元素在水平面上的尺度范围，立面图和剖面图表达的景观元素在高度上的对比关系，一般在绘制立、剖面图时，尽量选择最具有代表性的立面和剖面进行表达。

一、水平剖面线剖立面画法

如果立、剖面线在总平面中是水平的，可以直接将立、剖面对应地放在平面图的下方，利用直尺工具进行垂直拉线定位，与平面图的水平尺度保持一致。（图 5-2）

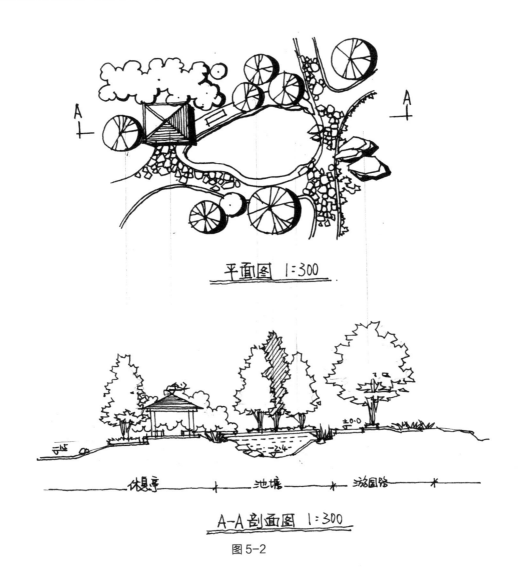

平面图 1:300

A-A 剖面图 1:300

图 5-2

二、非水平剖面线剖立面画法

　　如果剖面线是非水平的，可以利用借边缘小技巧，可以准备一张拷贝纸，将拷贝纸边缘与剖面线重合，标注出水平位置，如果存在比例放大的问题可以利用快速放大剖面图的方法进行快速绘制。如图所示，若 $H_1=1 \times H_2$，放大2倍；若 $H_1 = 2 \times H_2$ 放大3倍；若 $H_1=3 \times H_2$，放大4倍，以此类推，这样做可以快速地找到剖断线上的长度关系，快速地进行立、剖面图的绘制，尤其是针对快题表现相当有用。当然，如果平面图的比例尺为1:1000，立面的比例尺为1:500或者更大，那么这种借边缘的技巧就不能用了，这种情况下就需要采用相似三角形的画法（图5-3）。

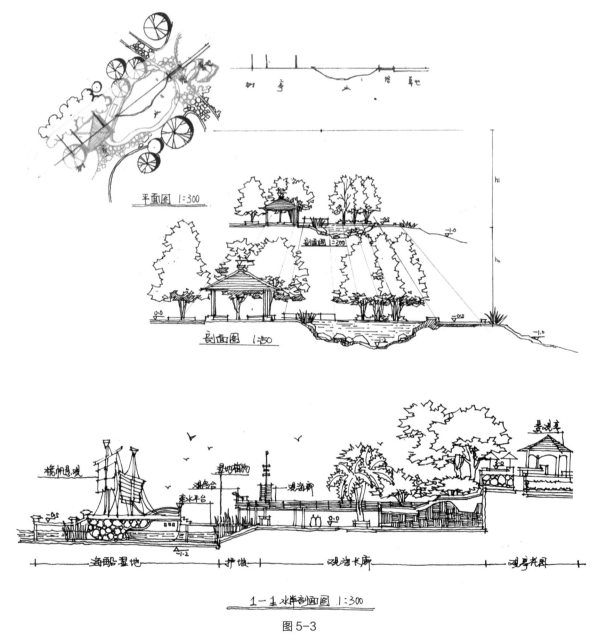

图 5-3

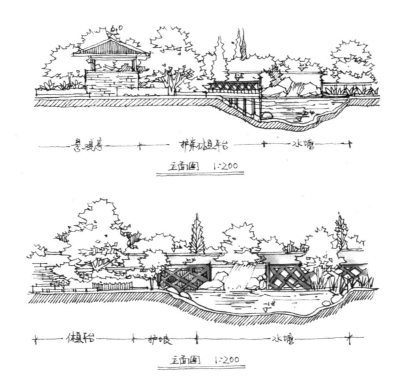

立面图　1:200

立面图　1:200

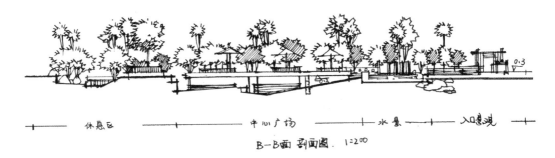

B-B面 剖面图．1:200

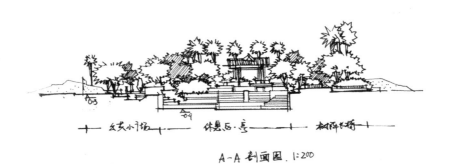

A-A 剖面图．1:200

第三节　景观效果图手绘表现分解

一、广场景观效果图解析

城市广场是为满足人们多种社会生活需要而建设的具有一定规模的节点型城市公共开放空间，它是硬质景观和软质景观的结合，更是与人活动的复合物。

在广场景观设计中，硬质铺装在尺度上占很大的比重，需尽量表现出铺装的样式和质感；除此之外，张拉膜、景墙、喷泉等景观节点造型也要精准表现；服务设施类的座椅、花箱、垃圾桶、售卖机，植物景观类的棕榈树、银杏树、艺术树池等元素也是广场景观中不可或缺的一部分；远景的城市建筑，天空中飞鸟，广场上站立、行走、坐蹲的人们都是城市广场常见的构成要素。手绘广场景观效果要了解广场景观的风貌特征，了解其构成元素，多看广场景观实景效果图，多观察其景观的构成要素，这样更容易让效果图的内容饱满（图5-4）。

图5-4

为了体现广场的宽广与开敞，人视透视角度上多选择一点透视，一个消失点，多层次的表达场地效果，透视性强，进深关系突出（图5-5、图5-6）。

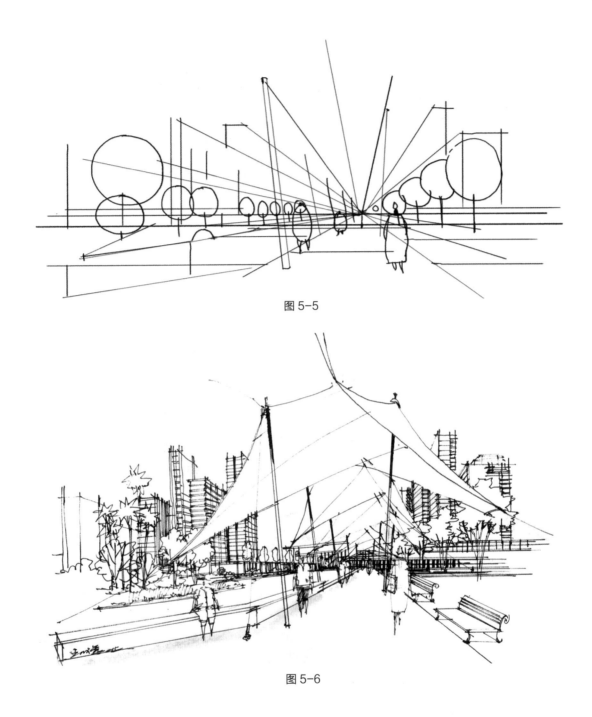

图 5-5

图 5-6

二、公园景观效果图解析

公园景观设计中可利用的景观元素较多，第一，可以利用场地原有的山、石、水景等元素，频繁交替使用；第二，由于植物种类较多，手绘过程中注意不同植物种类的搭配及横、纵向层次的掌控与表现；第三，公园景观设计过程中宗教元素、科技元素、中西文化元素等突出特色，主要落脚点落在亭、台、楼等构筑物及雕塑、景墙等景观小品上。手绘过程中要把握公园景观的设计风貌，整个效果图要将公园景观中的观点及游点展现出来。公园景观中的植物元素要高于广场景观设计，多加组织前景、中景及远景的植物表达关系（图 5-7-1 至图 5-11-2）。

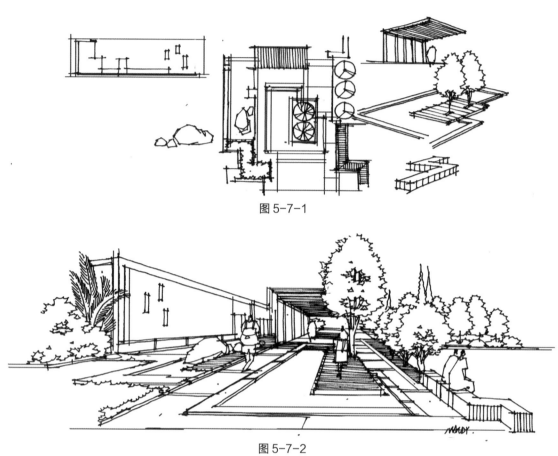

图 5-7-1

图 5-7-2

图 5-8-1

图 5-8-2

图 5-9-1

图 5-9-2

图 5-10-1

图 5-10-2

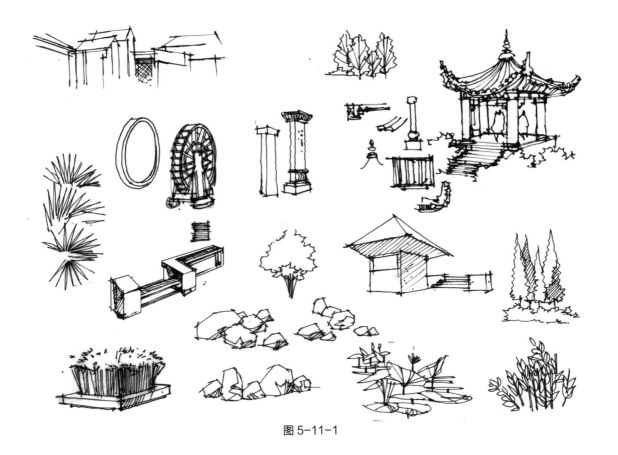

图 5-11-1

图 5-11-2

三、居住区景观效果图解析

居住区景观设计从设计角度出发主要是包括对自然环境的研究和利用，对居住空间关系的处理和发挥，对居住区道路、植物、水景、照明、公共设施方面的处理，手绘过程中重点把握中心表达元素，如某个亭子、花架、廊架等及前景的植物细节描写、人物的烘托艺术和远景居住建筑等周边环境景观的综合体现（图 5-12-1 至图 5-15-2）。

居住区景观效果图多表现为居住区入口景观、儿童游戏活动区域、中老年休闲活动空间及其他特色空间等。

图 5-12-1

图 5-12-2

图 5-13-1

图 5-13-2

图 5-14-1

图 5-14-2

图 5-15-1

图 5-15-2

作品赏析

小区入口景观效果图 作者自绘

作品赏析

小区休闲区景观效果图 作者沈先明

作品赏析

小区休闲区景观效果图 作者王成虎

小区休闲区景观效果图 作者王成虎

作品赏析

小区庭院景观效果图 作者王成虎

小区休闲区景观效果图 作者王成虎

作品赏析

小区儿童游戏区景观效果图 作者自绘

小区休闲区景观效果图 作者王成虎

作品赏析

小区休闲区景观效果图 作者王成虎

四、商业氛围景观效果图解析

　　商业氛围景观效果主要表现在写字楼、商业服务空间、旅游服务空间等区域的景观设计。商业景观设计氛围的表现是自然生态环境系统和人工环境建设系统交融的公共艺术开敞空间。其景观的科学性、艺术性、商业感、时尚感、时代特性要明显突出。

　　手绘过程中可能会有更多科学、美学的生成物等待表现，造型要么多维复杂、要么极致经典，材质上多是钢化玻璃、不锈钢、大理石，景观整体上还是遵循节奏、韵律的美，透视上注意远景关系的有序控制（图 5-16-1、图 5-16-2）。

图 5-16-1

图 5-16-2

作品赏析

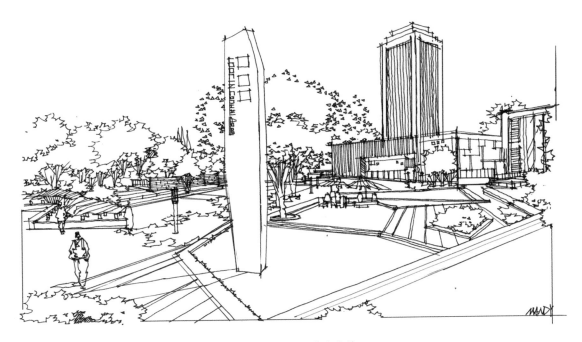

商业区景观效果图 作者自绘

商业区景观效果图 作者自绘

作品赏析

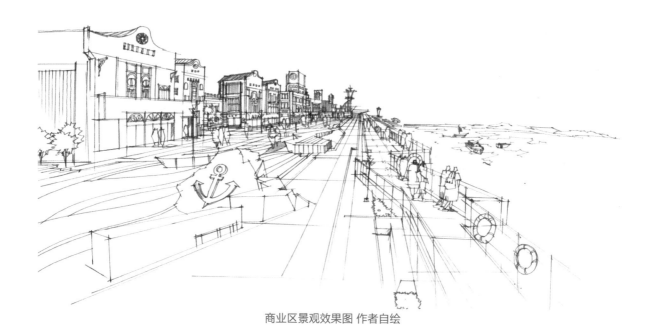

商业区景观效果图 作者自绘

商业区景观效果图 作者自绘王成虎

作品赏析

商业区景观效果图 作者王成虎

商业区景观效果图 作者王成虎

五、校园景观效果图解析

校园景观设计在风貌上有其特殊性，校园环境的主要使用人群是广大师生，整个景观氛围需要有环境育人功能、开放交流功能、生态调节功能。手绘过程中要抓住校园景观的特点和特色，将校园景观元素及整体氛围体现出来（图5-17、图5-18）。

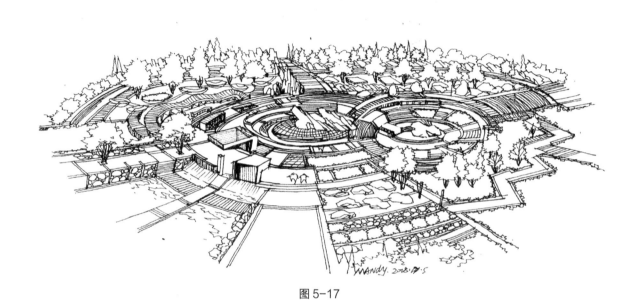

图5-17

图5-18

作品赏析

校园休憩区景观效果图 作者王成虎

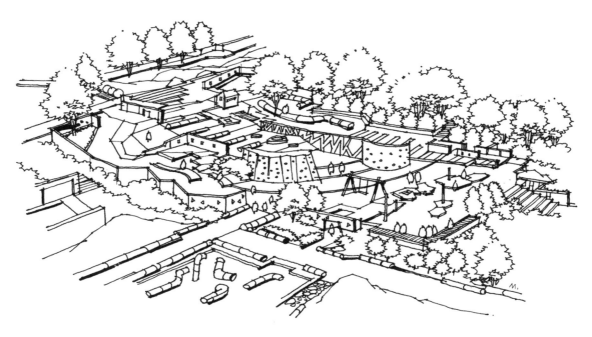

校园活动区景观效果图 作者自绘

校园活动区景观效果图 作者自绘

第六章　马克营

第一节　景观马克笔设计表现的常识与重难点

一、景观马克笔设计表现的常识

马克笔是专为绘制效果图研制的，相对于其他工具，马克笔效果图表现中的优势是方便、快捷，表现力最强，尤其是它带有明显的笔触效果及个人风格的艺术表现力，更增添了手绘表现的艺术魅力。马克笔分为水性和油性，水性马克笔色彩鲜亮且笔触界线明晰，与水彩笔结合有淡彩的效果，其缺点是叠加笔触会使画面脏乱，而且容易伤纸；油性马克笔色彩柔和笔触优雅自然，有较强的渗透力，缺点是难以驾驭，需多画才行。马克笔品牌众多，例如 AD、斯塔、法卡勒、NEWCOLOUR、TOUCH 等。

马克笔在选择纸张时硫酸纸是非常好的纸型，其优点是有合理的半透明度，也可吸收一定的颜色，可以多次叠加来达到满意的效果，一般会在硫酸纸的背面上色，不会把正稿的墨线晕开，造成画面的脏乱。复印纸等白纸，吸收的太快，不利于颜色之间的过渡，画出来的颜色偏重，不宜做深入刻画。

景观马克笔效果图的成败，线稿占百分之七十的作用，初学者不要妄图通过马克笔力挽狂澜，也不要一味追求表现，那样太容易踏入误区。建议初学者在学习马克笔时选择饱和度较低（较灰），颜色较浅偏透明的颜色进行上色，浅色可以叠加深色，反之却不行。最初接触马克笔时，可以在其他纸上进行试色后再在线稿上着色，根据需要可将线稿复印多份进行试笔练习或是选择硫酸纸马克笔上色的方式进行上色。

二、景观马克笔设计表现的重难点

景观马克笔效果图最直接的目的是让观者更快、更直观地感受景观场景效果。景观马克笔上色主要是反映景观元素的固有色彩，传递质感信息、增添立体效果、丰富场景信息等作用。由此一来，景观马克笔设计表现的选色、景观元素立体感的表达、景观元素常见材质质感的表达将是景观马克笔设计表现的关键，为此并不需要执着于刻意地去学习某个人的笔法习惯，但可参考借鉴，设计表现不只是临摹，它更多的是学会应用。通过书中的步骤讲解，从临摹到理解，从理解到应用，加强练习方能驾轻就熟，自成一脉。

第二节　景观马克笔设计表现详解

马克笔上色的一个基本的原则是时刻把整体放在第一位，不要对局部过度着迷，忽略整体后果将惨不忍睹。上色过程中最重要的是画面关系、明暗关系、冷暖关系、虚实关系，这才是主宰画面的灵魂。新手画马克笔有个很大问题是明暗关系把握不好，该留白的没有留白，该画深的没画深。在画之前要提前评估一下图里面哪里最深、哪里最浅，然后从最浅的颜色开始上色。在上色初期先用冷灰色或暖灰色的马克笔，区分明暗关系、进退关系，保持良好的画面氛围，再用深色覆盖，注意色彩之间的相互关系，忌用过于鲜亮的颜色，应以中性色调为宜。有时单纯地运用马克笔，不足以表现画面效果，可与彩铅、水彩等工具结合使用。在运笔过程中，用笔的遍数不宜过多，在第一遍颜色干透后，再进行第二遍上色，否则色彩会渗出而形成混浊之状，失去了马克笔透明和干净的特点。马克笔笔触大多以排线为主，走线干净利落，有规律地组织线条的方向和疏密有利于画面效果整体统一，有时通过点、几根线或是大面积的排线就可以表达过渡关系。绘图过程中灵活地运用排笔、点笔、跳笔、晕化、留白等方法可避免呆板的画面效果。

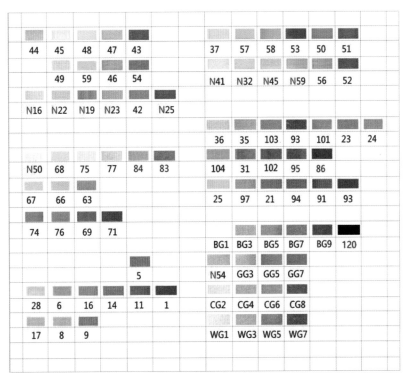

注：前缀色号为 NEWCOLOUR 品牌马克笔，其它马克笔为斯塔品牌马克笔

图6-1

一、景观马克笔设计表现的选色

马克笔的颜色众多，但就景观马克笔表现而言，最常用的是绿色、黄色、灰色三大色系，其中绿色色系类的颜色最多。景观设计中的植物及铺装所占比重最大，黄色多表现铺装、墙面的材质，例如木材、石材等，绿色多用于植物表现，除此之外，画面也需要一些点缀色，如紫色系、红色系、蓝色系各准备两三支能反映物体黑白灰立体关系的即可。等日后有了一定的马克笔表现基础后，可添加更多的颜色，造就更多的变化。景观设计马克笔表现多采用灰色系，色彩太多反而会影响画面效果，这里需要强调的是马克笔的灰色系多数是有色彩倾向的，如 BG 是偏蓝色的灰、WG 是棕红色系的灰、GG 是偏绿色的灰等（图 6-1）。

绿色系：45、48、47、43（暖色调明亮系绿色植物配色），49、59、46、54（冷色调明亮系绿色植物配色），两组颜色有色彩亮丽对比度强的特点，多用作效果图中心部分；N16、N22、N19、N23、42、N25（暖色系灰调植物配色），多用于暖色灰调效果图植物或远景植物表现；N41、N32、N45、N59、56、52（冷色系灰调植物配色），多用于冷色灰调效果图植物或远景植物表现；57、58、53、50、51（对比色调调色或点缀色），出现面积少，多用于植物的反光部分或少量棕榈植物及人物服装或户外景观软装配饰部分。

紫色系：84，83（紫色的植物，人物衣物，白色固有色物体投影，人物投影）。

红色系：28、6、16（红暖色的植物）；17、8、9（红冷色的植物）；14、11、1（景观小品及构筑物）；5（人物衣物）。

蓝色系：67、66、63（天空或水）；N50、68（玻璃材质）。

黄色系：36、35、103、93（暖色木材材质）；101、104、31、102（暖灰色调木材材质）；25、97、21、94（偏红木材材质，地砖或红砖、偏红毛石）；23、24（黄橘色系衣物，少量点缀颜色）。

暖灰：WG1、WG3、WG5、WG7（暖色墙面、石头、树干等的处理）。冷灰：CG2、CG4、CG6、CG8（毛石、石块、混凝土、大理石等材质的表现）。蓝灰：BG1、BG3、BG5、BG7、BG9（冷色调下表现墙面，石元素或石材）。绿灰：N54、GG3、GG5、GG7（植物边的石材，硬质铺装）。120（黑）：最暗的阴影部分或投影部分。

二、景观元素立体感的表达

景观元素的立体感与铅笔素描一致都是通过黑、白、灰三色来表现作用于物体的光线，从而塑造立体效果。马克笔的单体表现不宜用太多颜色叠加，在绘制前确定物体的固有色，物体的受光面主要表现高光、亮面和灰面三色关系，马克笔表现时多是用留白表现高光，比固有色亮一个色号的颜色表现亮面，固有色则表现灰面；背光面主要表现暗面、明暗交界面、反光面三色关系，其颜色多是由比固有色暗一个色号的颜色表达暗面，比固有色低 2~3 个色号的颜色表达明暗交界面，反光面则是由周边环境颜色或是固有色、对比色来表现（图 6-2）。

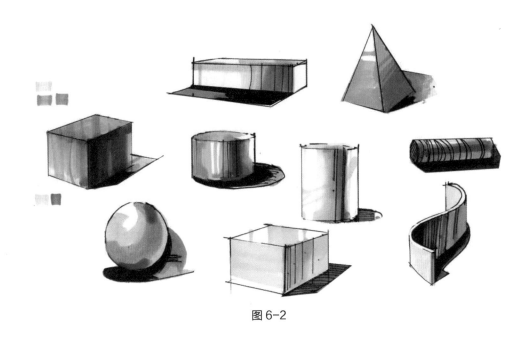

图 6-2

三、景观元素常见材质质感的表达

景观材质质感的表现是景观马克笔设计表现的重难点，可以通过色彩与线条将材料的质感与肌理呈现出来。在景观设计中，石材、木材、玻璃、金属材质最为常见。

（一）石材

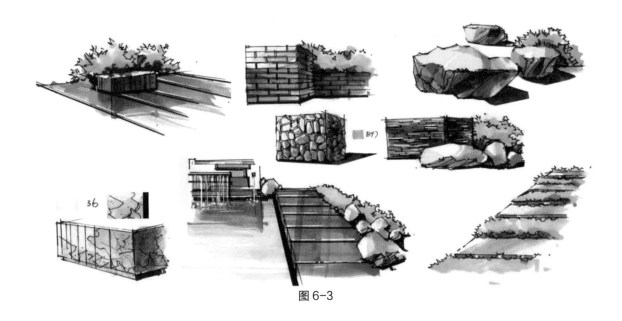

图 6-3

石材因其坚硬的特性，在景观设计中常被使用，例如地面、构筑物支撑面、建筑物外立面、景墙、雕塑等位置，以花岗岩、大理石、石灰岩、砂岩、板岩为主。以花岗岩为例，花岗岩里带芝麻灰点，颜色偏冷，沉稳厚重，用于广场地面拼花，但同为花岗岩的黄锈石，颜色偏黄，贵气大方，用于建筑外立面及景墙上。区分不同的石材特性，手绘表现上可从形态、颜色、肌理三个方面着手。形态的确定就石材而言多是人工堆砌的模样，根据具体设计而定；而颜色多为冷暖或暖灰设计，设计前就应熟悉所用材质的基本塑形；肌理而言，多为毛面（粗糙面）和抛光面（光面）两种。毛面的材质多利用夸张色彩表现关系和细微的光影关系刻画毛面凸凹不平的材质质感。抛光石材则是人工痕迹明显，表面平整光滑，颜色过渡均匀，反光明显（图6-3）。

1. 毛石的基本表现方法（图6-4）

（1）选定色相与色调，确定色号，在同一色相下，选择白、黑、灰三个色调的3支马克笔。

（2）先用最浅的马克笔打底，确定基本色调。

（3）然后用再深一个色号的马克笔拉开明暗关系。

（4）再用最深的马克笔画出投影面及明暗交界面的关系。

（5）最后可用周围的环境色适当地丰富画面。

图6-4

2. 光滑石材的表现方法（图6-5）

（1）光滑石材有明显的镜面效果，受光面基本可以留白，用灰色调马克笔扫一层颜色。

（2）暗面可以来回两笔产生对比关系，运笔方向可顺着体块关系下笔。

（3）反光面此刻可用彩铅处理周围环境色。

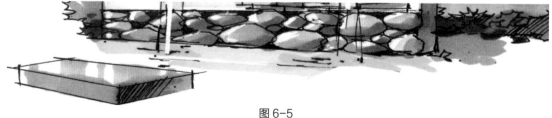

图6-5

除此之外，石头材质也可用浅紫色或浅蓝灰色做灰面，会让效果图画面更有彩度，更生动（图6-6）。

图6-6

（二）木材

室外的木材相较室内的木材，大部分稍显粗糙，反光没有那么强烈，上色时需要拉开明暗关系，留白到投影缺一不可。上色前、上色中对木纹的肌理可用圈状或线状来表达。木质颜色过渡柔和，如马克笔颜色不够，可以利用彩铅进行过渡（图6-7）；如果是高反光的木材注意木材的倒影的表达（图6-8、图6-9）。

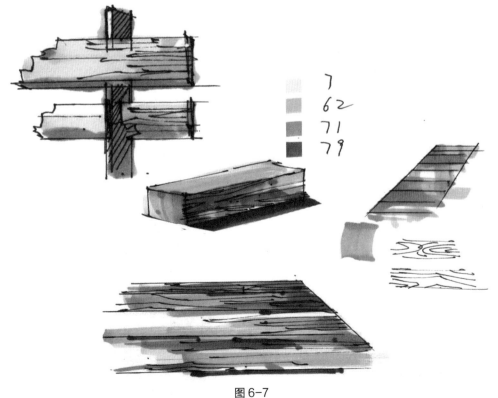

图6-7

图 6-8

图 6-9

（三）玻璃

室外玻璃，在光线均匀的情况下，其通透性是非常好的，将玻璃后面的物体透过玻璃表现出来是玻璃材质质感的表达关键。其次玻璃还具有高反光、高折射的特性，因此高光及环境色的综合表现也是重点（图 6-10 至图 6-12）。

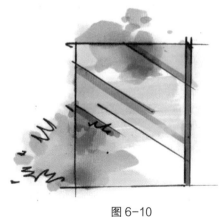

图 6-10

图 6-11

图 6-12

（四）金属

户外金属材质一般有不锈钢和铁艺、铜艺 3 种，不锈钢材质明暗对比强烈，亮部可直接留白，投影可深至黑色；铁艺和铜艺明暗对比相对柔和，高光面少，受光面均匀过渡，但也需表现出光滑感（图 6-13 至图 6-15）。

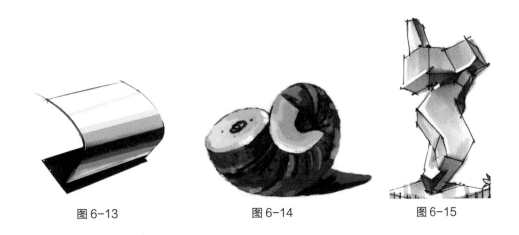

图 6-13   图 6-14   图 6-15

四、景观设计主要设计元素详解

景观设计的基本元素包括植物、石景、水景、建筑与构筑物、道路、设施小品等元素，其中景观植物的马克笔表现是较难的。除此之外，天空、人、车一类的配景的上色也是比较重要的。

（一）植物

1. 乔木

马克笔表现高大的乔木时，可通过笔触及运笔方向控制其外部轮廓。注意冷暖关系的处理，可前暖后冷，也可反之，对比色多用在反光处。

（1）乔木上色步骤。

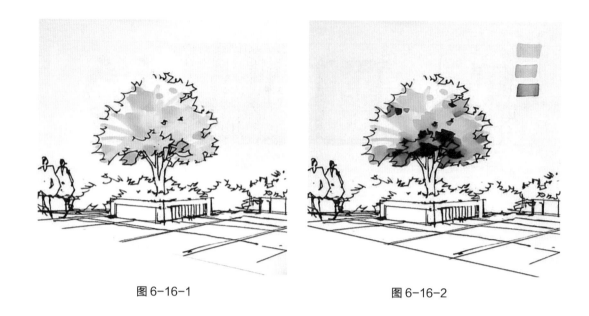

图 6-16-1　　　　　　　　　　　　　　图 6-16-2

第一步：分析植物的立体关系，区分受光面和背光面。留出高光部分，用 37 号大笔触画出亮部，来回笔触表达灰面（图 6-16-1）。

第二步：用 59 号、47 号颜色区分植物的明暗面（图 6-16-2）。

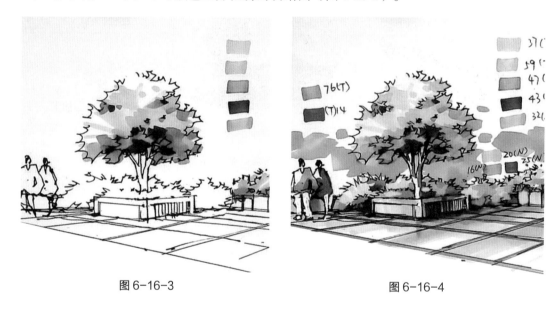

图 6-16-3　　　　　　　　　　　　　　图 6-16-4

第三步：用 43 号画出明暗交界线部分，加强植物的明暗对比关系；用 N32 号（冷灰色）画出植物的反光面，丰满植物色彩关系和冷暖关系（图 6-16-3）。

第四步：用柠檬黄彩铅过渡高光与亮部，让亮面自然和谐（图 6-16-4）。

（2）乔木属性不同，体现的色彩不同，金色系（黄橙色叶子，如银杏）、红色系（花系乔木，如桃花树）、紫色系、绿色系的乔木在景观设计表现中是比较常见的（图 6-17）。

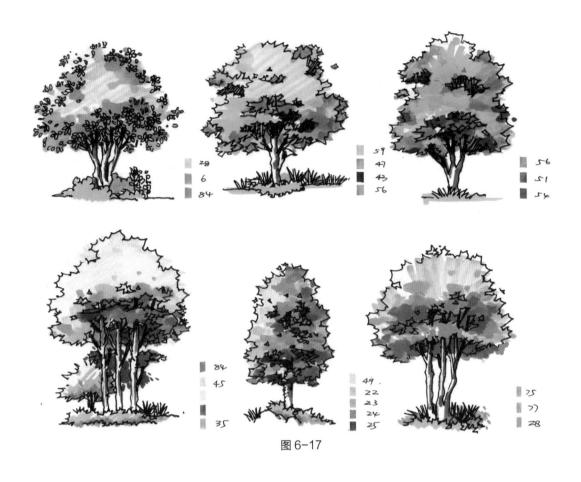

图 6-17

表现乔木前后疏密关系，可通过在马克笔上色后用签字笔排线拉开层次（图 6-18）。

图 6-18

（3）植物的快速表现。植物快速表现时，上色可不必考虑过于复杂，表达物体明暗关系即可（图 6-19）。

图 6-19

2. 灌木

（1）自然形灌木（图 6-20）。

图 6-20

（2）人工绿篱（图6-21）。

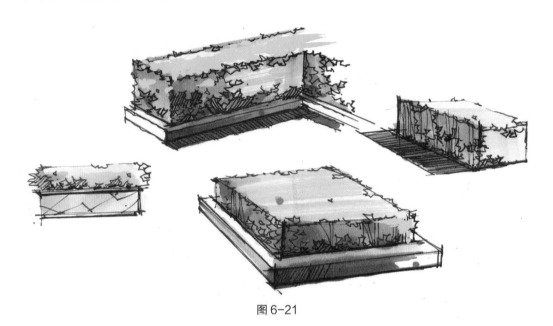

图6-21

3. 地被植物

（图6-22）

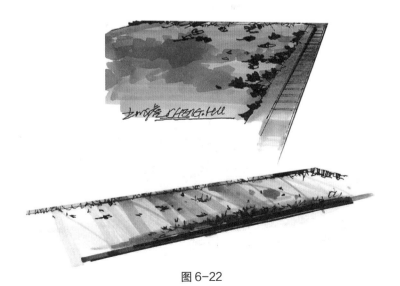

图6-22

4. 植物组合

（图 6-23 至图 6-26）。

图 6-23

图 6-24

图 6-25

图 6-26

5. 棕榈科植物

棕榈科植物上色重难点在叶片上，首先注意叶片单片叶子的受光与背光面，其次是多叶片的前后关系与层叠遮挡关系，最后是多棵树情况下前后的虚实关系。

先确定光源，用黄色 45 号画出受光面叶片，用 47 号画出背光叶片，用 43 号画出叶片的投影面，拉开层次，最后用相反色调绿色画出反光部位。树干部分用灰色系或者棕色系，注意树干是柱体，注意高光部分和叶片在树干上的投影（图 6-27、图 6-28）。

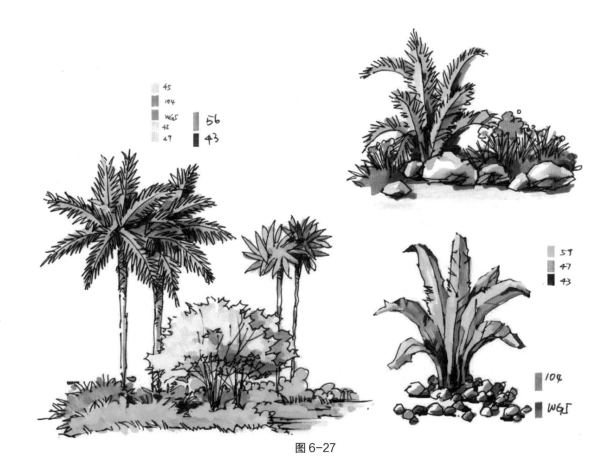

图 6-27

图 6-28

（二）石景

石景是景观设计中常见的景观元素，在保证其立体感的前提下，尽可能为设计增色。石景分为灰色石和有色石，灰色石分暖灰与冷灰，暖灰以 WG、CG 色为主，冷灰以 BG、GG 色为主。为了让石块质感过渡柔和，可利用彩铅进行过渡。有色石，像黄色、红岩一类，可利用带有色彩倾向的马克笔着色，上色步骤笔法与灰调石相同。

不论是方形石块还是长圆形石块，上色时要顺其结构，方形石块的明暗关系对比强烈，圆形石块过渡面则相对柔和（图 6-29 至图 6-33）。

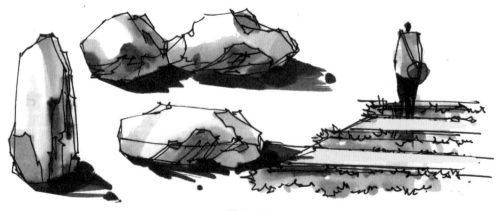

图 6-29

图 6-30

图 6-31

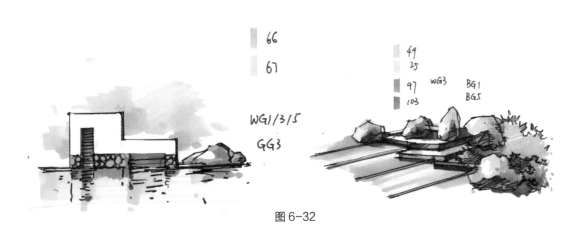

图 6-32

图 6-33

（三）水景

静态水上色时，留出高光部分，由深至浅的渐变快速拉出水平面，干净清透的色块能表现出静水面的透明感，高光部分可用高光笔完成（图 6-34）。

图 6-34

水是相对动态的，变化丰富，水流指向性很强，高光与投影的反差极大。上色时注意跟随水波线向近处走笔，如同水波荡漾一般。倒影线处注意颜色叠加，制造倒影效果。明确流水线，强化水流方向，形成水流面。点亮激水线，造成水花飞起的效果（图 6-35 至图 6-37）。

图 6-35

图 6-36

图 6-37

（四）石水组合景观

石水景观组合，马克笔上色变化丰富，既要照顾水波纹线、倒影线、流水线、落水线等水质感的体现，还要注意山石间交替的层叠关系。上色时将石头背光面边缘加深，强调虚实、明暗、过渡等方面的问题。黄色石块可选择斯塔 25 号、101 号、103 号、94 号（图 6-38）。

图 6-38

（五）建筑物与构筑物

1. 亭子

顶部与支撑柱是上色重点部位，表现亭子的立体感是目标。定好光源后，用深浅色拉开明暗关系，受光部分注意留白（图6-39）。

图6-39

2. 建筑

（图6-40、图6-41-1、图6-41-2上色效果）

图6-40

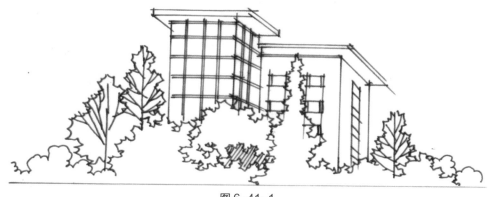

图6-41-1

图 6-41-2

3. 墙景观

（图 6-42 至图 6-45）

图 6-42

图 6-43

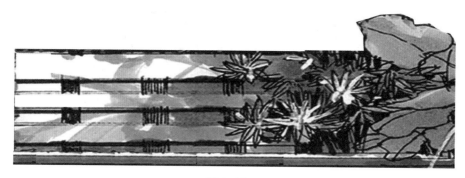

图6-44

图6-45

（六）道路桥梁

1.道路

注意材质的肌理纹理（图6-46至图6-48）。

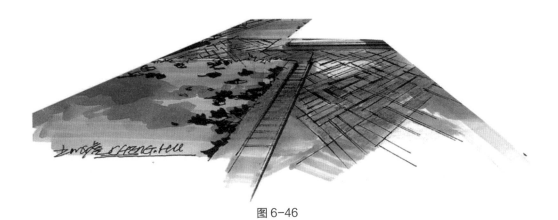

图6-46

图6-47

图6-48

2. 桥梁

　　弧形的拱桥在上色时推荐选择横向笔法或扫笔笔法，注意通过受光与背光拉开立体关系，暗面注意阴影与反光（图6-49）。

图 6-49

（七）景观小品

（图 6-50 至图 6-52）

图 6-50

图 6-51

图 6-52

（八）天空

天空上色多数选择蓝色系，黄昏可能会选灰红色系，其实背景不需要很强烈的明暗对比，只需反映蓝天白云景观事实即可。

上色方法有 3 种。第一种，颜色平铺，选择天空颜色（清透且颜色较浅的蓝色），上色斑块为面状，注意上色面图的自然感，斑块间注意大小面之间的对比；第二种，渐变排线，选择天空色，塑造蓝天白云交叉景观，上色斑块为带状，蓝色带状斑块通过单次上色和多次上色做出层次对比，注意围合形成的白色斑块部分形体自然，大小适宜；第三种，多色叠加，利用不同深浅的蓝色叠加（背景虚色建议用彩铅），创造出天空的深远感，拉开空间层次（图 6-53 至图 6-55）。

图 6-53

图 6-54

图 6-55

（九）人物

人物马克笔上色，主要是衣物及阴影投影的表达。衣物着色以鲜亮颜色为主，可选对比颜色着色，起着点缀作用；主要明暗关系，注意衣物关节处的投影表达，投影避免用黑色或深灰，用中灰色表达投影关系，离人体越近，投影越深，离人体越远投影越浅（图6-56）。

图 6-56

（十）车

车元素是景观设计的配景，出现的情况较少。着色时用笔要随着车的形体走，以表现其结构。用简单的黑、白、灰拉开明暗关系，要敢于在高光处留白，不要填的太满，用最少的颜色丰富画面，体现质感（图6-57、图6-58）。

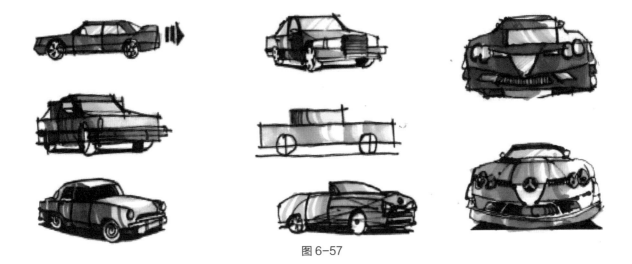

图 6-57

图 6-58

第三节 景观设计马克笔上色步骤

一、平面图马克笔上色步骤

平面图上色前需要先理解设计平面图所表达内容，学会通过景观元素和材质进行分类着色，例如植物和水体、石材、木材等，这样有利于上色的快速与统一。

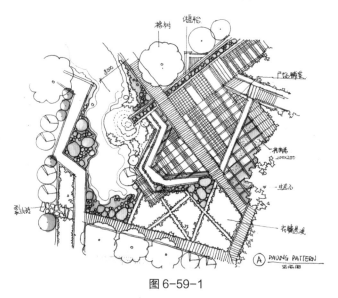

图 6-59-1

第一步：选择景观核心材质石材进行初次上色，上色时顺着石材的机理纹理平涂即可，留出亮面。此图可选择偏暖色的淡棕色表达石材（图 6-59-1）。

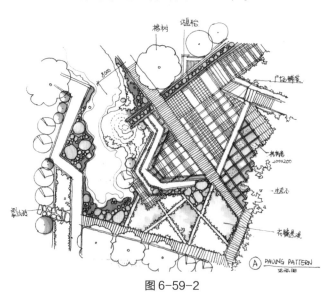

图 6-59-2

第二步：利用叠加方式将石材拉出明暗关系，深浅都是相对的，切忌不可多画，尤其亮部，多画多错。石材画完后利用同样叠加拉出黑白灰的方式对植物进行上色（图 6-59-2）。

第三步：考虑植物的多样性，和谐下塑造多色的植物，选色时注意颜色的冷暖关系，统一色调，此图选择偏暖色绿色进行植物上色，上色时定要预留出亮面（图 6-59-3）。

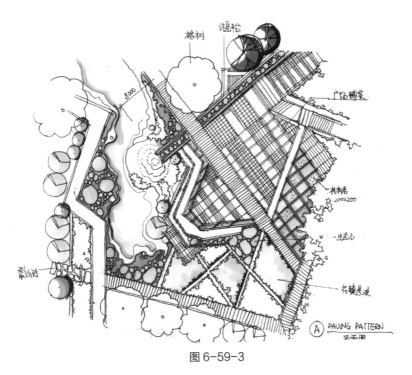

图 6-59-3

第四步：草地与绿篱等成片的植物，从灰面开始上色，后叠加拉出黑白灰关系，过渡自然，注意饱和度的统一，颜色灰度尽量保持一致（图 6-59-4）。

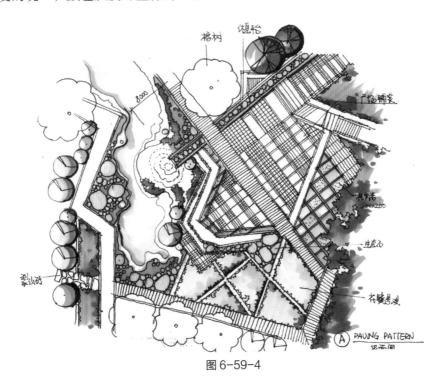

图 6-59-4

第五步，对木栈道进行上色，红棕色可以很好的起着定睛效果，与周边的绿色互成对比色，上色时顺着材质的肌理纹理平铺于叠加，自然形成深浅关系（图6-59-5）。

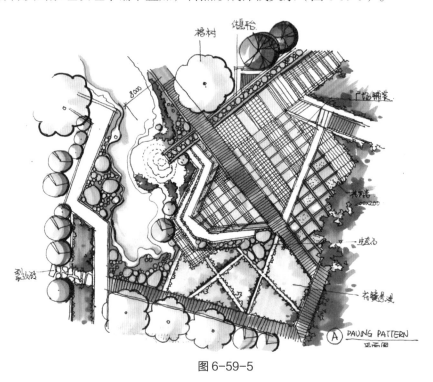

图6-59-5

第六步：在整个平面的调子定下来后，对装饰花卉进行上色，如粉色的花卉与乔木，草坡及绿乔的亮部，其颜色属装饰色，可以稍明亮，做点缀烘托功能（图6-59-6）。

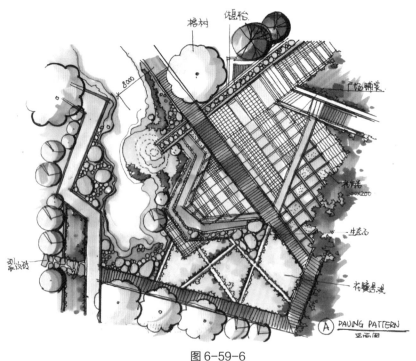

图6-59-6

第七步：对整个画面进行综合处理，过渡与加强黑白灰的关系，画出物体的阴影投影部分，注意高度越高其投影越长，尤其是个别观赏大乔（图6-59-7）。

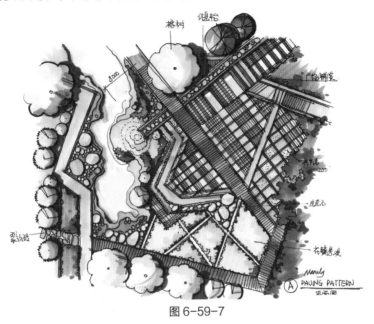

图 6-59-7

二、剖面图马克笔上色步骤

景观手绘七分线稿三分彩，尤其是景观剖面在上色中要求更是不高。合格的景观剖面线稿图是上色好坏关键，合格的剖面图应表达出相应的设计内容，例如，考虑原始地形、排水、坡度、坡向及其它因素设计地形高差、标高符号、剖断截面、景观元素图例及利用文字数字辅助讲解设计内容。

第一步：准备好相对标准的景观设计剖面（图6-60-1）。

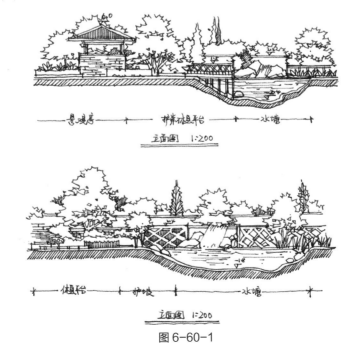

图 6-60-1

第二步：在清晰设计内容的前提下，分清剖断面的前后景层次关系，从前景向后延伸，前实后虚。画时注意每个元素涂满，各元素间不要漏白太多，不然整个画面容易松散。除此之外还需要注意各元素的立体感表达，例如比较立体的木质结构等（图 6-60-2）。

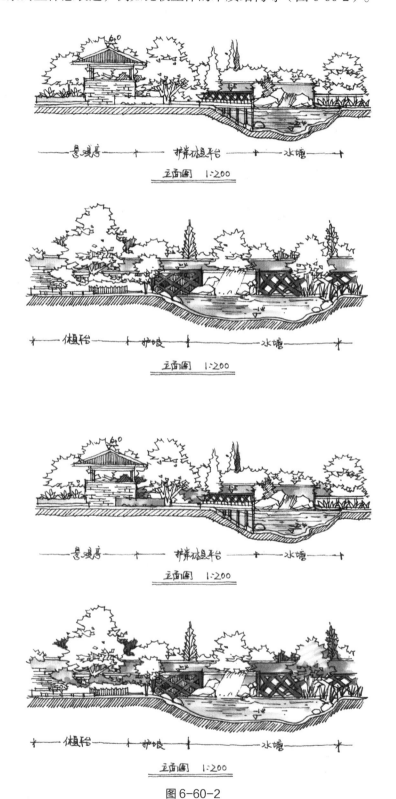

图 6-60-2

第三步：对剖面景观植物进行上色，选色上需要体现植物色彩的搭配，不要千篇一"绿"，就算是绿也应该注意冷暖色之间的变化。利用颜色变化加强前后景层次关系。植物上色方法与效果图单体上色差不多，注意植物的明暗变化及立体关系即可（图 6-60-3）。

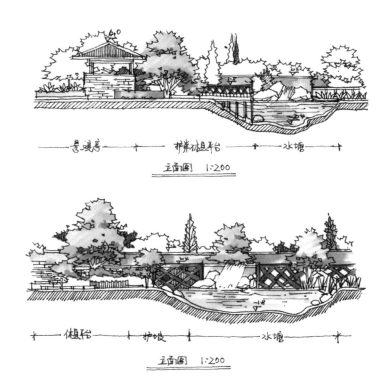

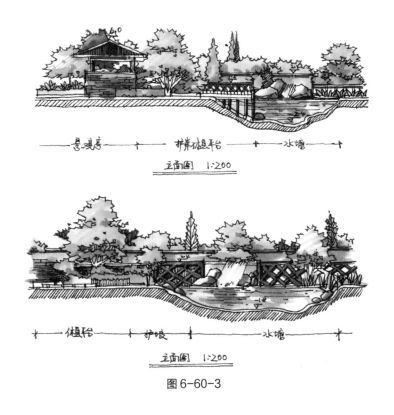

图 6-60-3

第四步：植物上色完成后，根据图面效果综合处理整个剖断面的色彩关系，注意质感的表达，增添阴影投影关系，用高光笔点出高光部分，拉出黑白灰关系塑造各元素间的立体感与断面前后层次关系（图 6-60-4）。

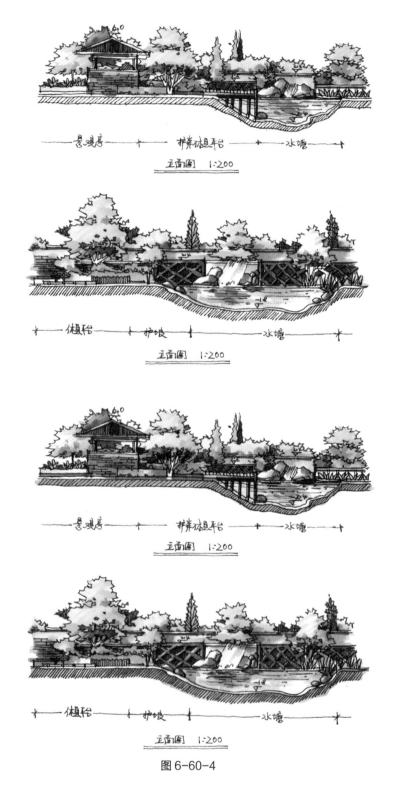

图 6-60-4

三、效果图马克笔上色步骤

步骤一：准备一幅质量较高的景观效果图线稿，线稿构图大小适中，透视相对准确，线稿处理时把握景观层次，前景的铺装相对开敞，中景景观是整幅图的核心需要加强细节表达，远处的建筑很好的拉出场景的进深关系，能准确表达景观设计场景效果。

上色前对线稿进行分析，对上色效果进行预估，开始准备马克笔。建议初学者提前复印原稿，根据学习需要可随时做练习（图 6-61-1）。

图 6-61-1

步骤二：思考效果图的基本色调，搭配并选择好马克笔色号。先对植物（乔木及灌木）上色，找两到三支不同色阶的绿色，确定光源方向，由明至深变化，画出明暗关系。把握色调关系，以浅色及大面积着色区域为先。注意着色物体的远近关系的表达，主要是色彩的明度，和色彩对比度问题，近处对比度强，颜色鲜亮；远处对比度减弱，颜色较灰（图 6-61-2）。

图 6-61-2

步骤三：植物暗部叠加上色要注意拼接处的细节，找一些深色对植物进行一个深浅分割交代植物的前后关系，该图用 NEWCOLOR47 号色进行的暗部叠加，但不易重复叠加着色，易脏。不同的地方根据距离远近或者受光、背光影响作色彩深浅的变化，上色时注意植物投影的表达（图 6-61-3）。

图 6-61-3

步骤四：地面铺装部分上色要注意拼接处的细节，灰色系是铺装常用色系，如 WG 和 BG 系列的颜色，铺装占图面面积较大，不宜用过深及饱和度较高的颜色表达，铺装可以通过机理和纹理细化丰富画面，混合材质拼花铺装应注意颜色的融合，同时学会利用双线丰富石材质感（图 6-61-4）。

图 6-61-4

步骤五：天空的颜色，可以选择一支纯蓝色，该图选择 NEWCOLOR91 号色平涂，天空作为背景一般情况下着色面积不大，直接平涂即可。涂色过程中可些许打点呼应变化，使画面灵活，如果天空面积较大，可以再加一些淡蓝色过度，或者留一些白虚化。

景观雕塑及设施着色把握立体感，加强明暗关系的表达，用颜色区分木材与石材的质感，抓住物体明暗变化及质感差异。

人物衣服以亮色点缀（图 6-61-5）。

图 6-61-5

步骤六：建筑部分上色，因为是背景，通常选用灰色系色彩，单色拉开建筑的明暗关系，同时可注意投影变化。

加强光感可在草地的受光处用柠檬黄的彩铅进行亮色过渡。远处草地颜色可加深，可以用淡一点或者是冷一点的颜色加深叠加，起到虚化的作用（图 6-61-6）。

图 6-61-6

案例一

第一步：从线稿可以看出这张图是比较经典的蓝色天空、蓝灰石材、绿色植物搭配。天空线稿没有做任何处理，必须上色。植物上要考虑颜色的统一与多样性协调关系，同时还需要注意前后的递减，硬质大面积留白，与植物上色形成对比。整个色调偏冷色调，植物可用黄色暖色活跃气氛（图 6-62-1）。

图 6-62-1

第二步：主要植物上色颜色丰富且过渡自然，草地、植物的排线无意间留白可让画面透气，注意反光部分的表达。根据构图的需要增加天空的上色平衡构图（图 6-62-2）。

图 6-62-2

第三步：远处的颜色对比度及表达细节不能强过主景植物、铺装，远处用暖色来调节整个画面（图 6-62-3）。

图 6-62-3

第四步：人物的颜色融入图中，只做点缀。前面硬质铺装上色应考虑石材材质结构的走向，顺着石纹的方向涂色。为平衡画面及光感，可增添前景植物的阴影投影做变化（图 6-62-4）。

图 6-62-4

案例二

第一步：此图的乔木较高较密集，注意受光面的颜色变化，可在高光处和反光处适当增添冷色（图6-63-1）。

图 6-63-1

第二步：此图灌木根据整体效果图进行颜色搭配，要与乔木拉开，注意暖调冷配的搭配方式（图6-63-2）。

图 6-63-2

第三步：人物衣服的颜色都是点缀色彩，选择与周边色彩的对比色系，会让整个画面更活泼，更能体现儿童或运动空间的空间属性（图 6-63-3）。

图 6-63-3

第四步：背景关系表达尽量整体，不要过度零星流白分散画面。背景选色与前景比对比度较灰，注意环境色的反映。远处地面与构筑物的色相尽量形成对比，用植物的绿综合整个画面的色调（图 6-63-4）。

图 6-63-4

第五步：前景的硬质铺装用浅色且不能铺的太满，要体现出颜色的远近变化和受光部位的变化，此图注意硬质上高大乔木的投影与地面阴影的着色关系（图6-63-5）。

图6-63-5

第六步：综合协调整个画面，增添高光与加强明暗交界的阴影投影关系，增添立体感（图6-63-6）。

图6-63-6

鸟瞰效果图上色案例

第一步：马克笔上色的时候考虑画面重量感和中心感，可先从中心的草地和耸立的高大乔木开始刻画，勾画整个鸟瞰的大体框架（图 6-64-1）。

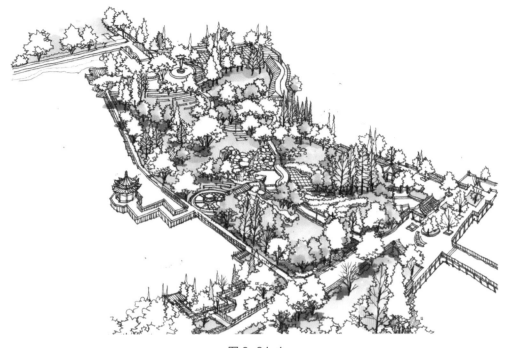

图 6-64-1

第二步：沿着植物和道路铺装，增加周围的小猪无、花灌木、水景，注意植物的分类，同时细致刻画中心水景、假山、小广场等中心景观（图 6-64-2）。

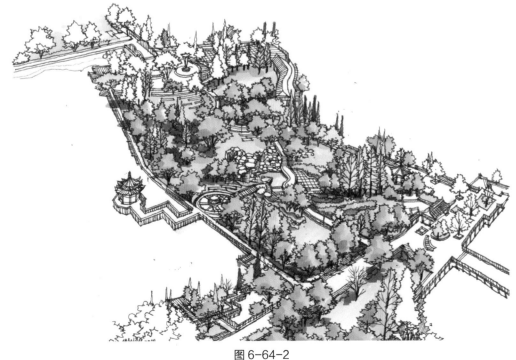

图 6-64-2

第三步：在鸟瞰画面中所有植物刻画完整后，可以增添廊、亭、栈道等核心构筑物，注意构筑物的主次关系，同样是远景颜色对比弱，颜色较冷，前景鲜艳对比较强（图6-64-3）。

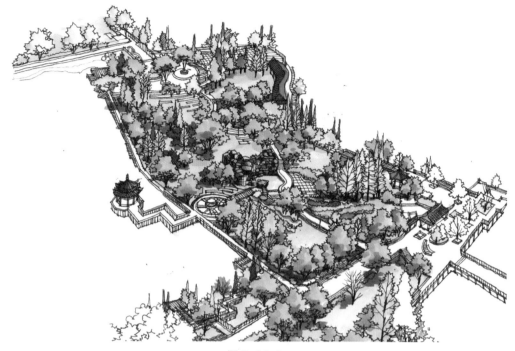

图 6-64-3

第四步：增加画面前景的水景部分，强调前景的起点。颜色选择偏绿的蓝，协调整个画面色调的同时也能反映一定的倒影投影关系（图6-64-4）。

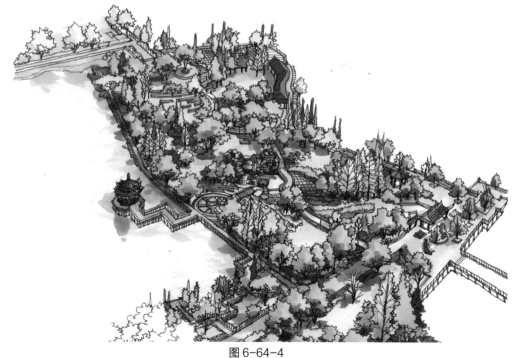

图 6-64-4

　　第五步：最终增添天空、加强阴影投影、点出前景部分高光完成整幅鸟瞰效果图上色。天空上色运笔干净利落，不可拖泥带水，不可过于丰富。投影表达注意在核心景观区域表达，不可过多过脏（图6-64-5）。

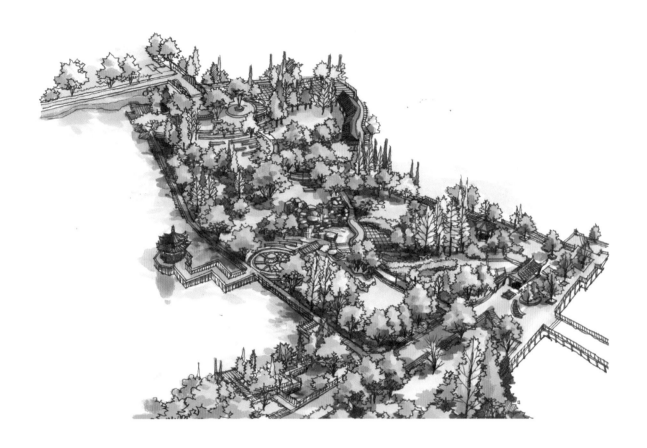

图6-64-5

案例模拟

旅游区景观效果图 作者王成虎

案例模拟

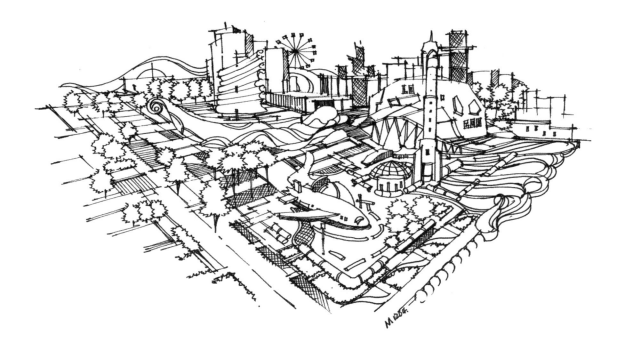

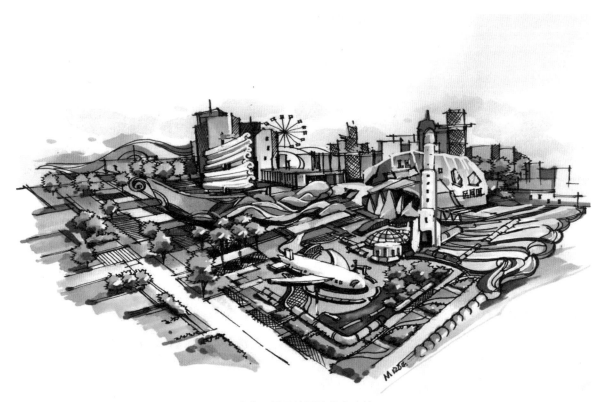

商业区景观效果图 作者自绘

案例模拟

别墅景观效果图 作者王成虎

案例模拟

旅游景观效果图 作者自绘

案例模拟

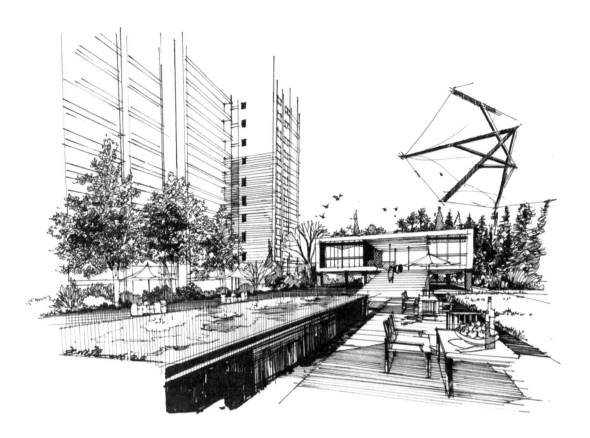

商业景观效果图 作者王成虎

案例模拟

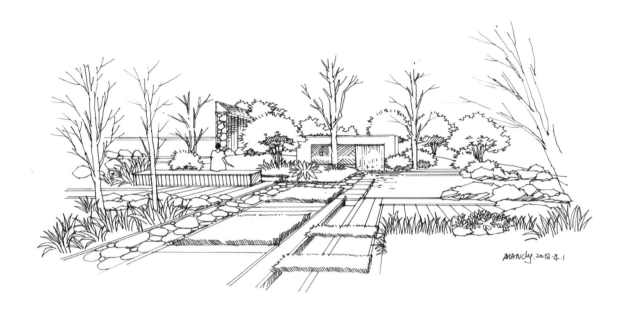

小区景观效果图 作者自绘

案例模拟

校园景观效果图 作者自绘

作品赏析

小区景观效果图 作者王成虎

乡村景观效果图 作者自绘

作品赏析

小区景观效果图 作者王成虎

小区景观效果图 作者王成虎

作品赏析

商业区景观效果图 作者王成虎

商业区景观效果图 作者沈先明

作品赏析

商业区景观效果图 作者沈先明

小区景观效果图 作者王成虎

作品赏析

景区入口景观效果图 作者自绘

商业区水景效果图 作者王成虎